深度学习推荐方法及应用

庞光垚　著

电子工业出版社

Publishing House of Electronics Industry

北京·BEIJING

内 容 简 介

推荐系统是解决信息过载的重要技术，是信息检索和数据挖掘等领域的研究热点。目前，基于深度学习的混合推荐方法占据主流，但这些方法往往忽略了结构化数据中组合信息和整体信息所蕴含的丰富隐藏特征，同时也未能有效应对文本数据（非结构化数据）中存在的单词稀疏和同义词问题。

为了解决以上问题，本书提出了以下推荐方法：基于"字符-短语"注意力机制和因子分解机的混合推荐方法和基于"局部-整体"注意力和文本匹配机制的推荐方法，旨在通过获取更多信息和提升模型特征提取能力，来实现更精准的个性化推荐；基于层次注意力和增强经验优先回放机制的深度强化学习推荐方法和基于自适应元模仿学习的推荐环境模拟器，旨在突破深度强化学习在推荐领域面临的挑战。此外，本书还在船货匹配场景中，从实践角度验证并应用了所提出的推荐方法。

本书主要面向以下几类读者群体：信息技术领域的科研人员、互联网公司的技术人员、数据科学爱好者与从业者、高校师生、航运业及其他传统行业的数字化转型团队。

图书在版编目（CIP）数据

深度学习推荐方法及应用 / 庞光垚著. -- 北京：

电子工业出版社，2025.6. -- ISBN 978-7-121-50673-4

Ⅰ. TP181

中国国家版本馆 CIP 数据核字第 202533MV78 号

责任编辑：张　迪（zhangdi@phei.com.cn）
印　　刷：三河市龙林印务有限公司
装　　订：三河市龙林印务有限公司
出版发行：电子工业出版社
　　　　　北京市海淀区万寿路 173 信箱　邮编：100036
开　　本：787×1092　1/16　印张：11.5　字数：240 千字
版　　次：2025 年 6 月第 1 版
印　　次：2025 年 6 月第 1 次印刷
定　　价：69.00 元

凡所购买电子工业出版社图书有缺损问题，请向购买书店调换。若书店售缺，请与本社发行部联系，联系及邮购电话：(010) 88254888，88258888。

质量投诉请发邮件至 zlts@phei.com.cn，盗版侵权举报请发邮件至 dbqq@phei.com.cn。

本书咨询联系方式：(010) 88254552，tan02@phei.com.cn。

前　言

推荐系统是解决信息过载的重要技术，是信息检索和数据挖掘等领域的研究热点。目前，基于深度学习的混合推荐方法，虽然取得了一定的成效，但在实际应用中仍然存在一些问题。例如，传统方法容易忽略结构化数据中组合信息和整体信息所蕴含的丰富隐藏特征，也难以解决文本数据（非结构化数据）中存在的单词稀疏和同义词等问题。此外，许多方法高度依赖将标注数据作为监督信号，在新领域、新系统或隐私保护要求极为严格的环境中，难以收集足够的可用人工标注数据（或标注数据规模过小），这导致难以训练出有效的推荐模型。本书优化了有监督学习的基于深度学习的混合推荐方法，并提出了深度强化学习推荐方法与环境模拟器，成功缓解了复杂环境中新系统或新领域中的冷启动问题。具体创新点如下：

（1）推荐系统的历史发展：介绍了推荐系统的演进过程，概述了各个阶段所采用的关键技术。

（2）基于"字符-短语"注意力机制与因子分解机的混合推荐方法：提出了一种新的混合推荐方法，提升了模型在特征提取方面的表征能力，解决了传统推荐方法中数据稀疏、冷启动困难和特征提取过度依赖人工设计等问题。

（3）基于"局部-整体"注意力和文本匹配机制的兴趣点推荐方法：通过考虑位置信息，提出了一种新方法来有效提升数据利用率，解决了单个用户存在的数据稀疏、冷启动以及长尾兴趣点难以挖掘等问题。

（4）基于层次注意力和增强经验优先回放机制的深度强化学习推荐方法：针对深度强化学习在推荐领域中常见的用户项目数量过大且动态可变、动作空间高度离散、环境交互反馈极度稀疏等问题，提出了一种新方法，实现了不依赖人工标注数据的个性化推荐。

（5）基于自适应元模仿学习的推荐环境模拟器：提出了一种新型的推荐环境模拟器，可有效训练深度强化学习推荐方法，并为各类推荐方法提供在线测试环境。

（6）船货匹配场景中的推荐方法工程应用：从实践角度阐述了推荐方法在船运场景中船货匹配的工程应用，进一步验证了推荐技术在实际业务中的有效性。

尽管本书取得了一定的成果，但由于作者的水平所限，书中难免存在不足之处，恳请广大读者提出宝贵意见。联系方式：pangguangyao@qq.com。

庞光垚

2025 年 6 月

目　　录

第 1 章　绪　　论

1.1　研究背景及意义

随着经济贸易和科学技术的不断发展，互联网平台在购物、新闻、娱乐和公共服务等多个领域进入了快速发展阶段[1~3]。在这些互联网平台中，多源异构数据的规模也在迅速增长[4]。根据 IDC 的预测，全球数据总量将在 2025 年达到 163ZB[5]。这些海量数据蕴含着丰富的价值，能够促使人们将决策模式从传统的经验主义转变为基于数据的决策方式[6]，从而显著改善互联网用户的生活质量。然而，这些平台提供的产品、内容和服务等项目的数量远远超出了用户能够及时消化的能力。尽管为用户带来了便利，但也导致了信息过载的问题[7]。

推荐系统是缓解信息过载的关键技术，旨在帮助用户从互联网平台的海量信息（如产品、内容和服务）中筛选出所需的信息[8,9]。该技术已经成功应用于各类互联网平台，实现了产品、内容和服务的个性化推荐。推荐系统不仅能够帮助用户筛选信息，挖掘用户偏好，提高平台产品销量，还能在提升用户体验的同时增加广告商的曝光率[10]。简单来说，推荐系统通过分析互联网用户的需求、兴趣和意愿等，利用推荐方法从海量项目中挖掘出用户可能感兴趣的内容（如商品、知识、电影、音乐及广告等），并以个性化的方式将推荐结果呈现给用户[11]。

目前，主流的个性化推荐方法主要包括基于协同过滤的推荐方法[11,12]、基于内容的推荐方法[13,14] 以及混合推荐方法[15]。

基于协同过滤的推荐方法通过将用户根据不同的偏好进行分组，并推荐同一组内其他用户喜爱的、但用户尚未访问过的项目[12]。该方法的核心是通过分析和挖掘用户的历史行为来获取偏好数据，并利用 One-hot 编码来表示"用户-项目"偏好矩阵。然而，该方法仅关注用户对项目的偏好程度。在大数据环境下，"用户-项目"矩阵的维度可能达到数千万甚至数亿，这会引发严重的数据稀疏问题（一个用户只评价了少量项目，而对大部分项目没有评价），从而导致基于协同过滤的推荐方法在大规模数据环境下推荐性能急剧下降[11]。

基于内容的推荐方法则通过分析用户选择的项目属性来寻找具有相似属性的其他项目。然而，该方法的性能高度依赖于准确提取用户和项目的数据特征[14]。目前，数据特征的提取普遍依赖人工方法，而人工提取的方式在大数据环境下难以适应，严重限制了基于内容的推荐方法的应用范围[13]。此外，新用户和新项目往往缺乏足够的评分信息（冷启动问题），这对上述两种方法的推荐效果造成了显著影响。

为了解决这些问题，传统的混合推荐方法应运而生。混合推荐方法通过将基于协同过滤和基于内容的推荐方法进行优化组合，以应对数据稀疏、冷启动以及特征提取依赖人工等的挑战。混合推荐方法一般采用前融合、中融合和后融合三种不同的组合策略：前融合将多个推荐方法整合成一个总体模型，由该模型产生推荐结果；中融合以一种推荐方法为核心，另一种推荐方法作为辅助融入核心方法；后融合则是先使用多种推荐方法计算出多个推荐结果，再通过投票等方式选出最优结果。在数据规模较小的情况下，混合推荐方法可以产生较好的推荐效果，但传统混合推荐方法仍然面临着数据稀疏、冷启动和特征提取方式过度依赖人工等问题[15]。

为了克服传统推荐方法所面临的上述问题以及在海量数据处理时间成本过高等方面的缺陷，近期的研究将深度学习（Deep Learning, DL）引入推荐领域[16]。深度学习通过构建含有多个隐藏层的多层感知器，模拟人脑进行分析与学习，是一种强大的机器学习方法。2006 年，加拿大多伦多大学的 Geoffrey Hinton 教授提出了深度神经网络的理论，认为多层神经网络能够实现强大的特征学习能力，并提出了一种逐层训练神经网络的方法，解决了传统神经网络难以训练的问题，这一理论极大地促进了深度神经网络的发展[17]。从那时起，深度学习（包括深度神经网络）在图像处理、自然语言处理和语音处理等多个领域取得了远超传统算法的革命性成就[18]。

　　具体来说，深度学习通过构建深层次的非线性网络结构，能够从多源异构的数据中学习用户和项目的表达特征。数据规模越大，深度学习模型越能够精准地刻画用户和项目的特征。深度学习能够通过融合低阶特征形成稠密的高维特征，进而分析和发现数据的分布式特征；它还能够自动将不同来源的数据映射到一个统一的隐空间中，从而形成特征的统一描述[19]。这意味着，深度学习方法可以通过这些方式从用户（或项目）的多源异构数据（包括结构化和非结构化数据）中提取出表征用户（或项目）偏好的隐藏表达特征[20]。其自动提取隐藏表达特征的能力解决了传统推荐方法过度依赖人工特征提取的问题。此外，深度学习方法能够与传统的基于机器学习的混合推荐方法相结合，有效利用结构化和非结构化数据，从而缓解传统推荐方法中的数据稀疏和冷启动等问题。因此，将深度学习应用于推荐方法的数据处理流程，已成为当前推荐方法的研究热点，并且是未来技术发展的趋势[21]。

　　推荐本质上是一个具有连贯性的序列任务，推荐结果受上下文的影响[22]。例如，当一个用户出游时，若已预订了车票、酒店并租用了汽车，下一步很可能是选择自驾游的方式前往某个景点。因此，用户的新请求往往与其历史行为密切相关，历史数据的积累越多，越能够发现其中的规律，进而完成更加准确的推荐。同时，不同特征对推荐结果的影响程度是不同的。例如，"偏好"、"评分"、"年龄"和"住址"等信息，在商品推荐中"偏好"的权重通常最高；而在兴趣点（Point-of-Interest，POI）推荐场景中，"住址"的权重则可能最高。同样，在非结构化文本信息中，不同的单词对推荐的影响程度也不同。比如，对于咖啡这一产品，显然与"咖啡"相关的单词更为重要。

　　然而，现有基于深度学习的推荐方法往往忽略了这些问题，原因在于经典的卷积神经网络（Convolutional Neural Network，CNN）[23,24] 和循环神经网络（Recurrent Neural Network，RNN）[25,26] 等无法有效区分不同特征对推荐结果的贡献程度[27]。此外，现有基于深度学习的混合推荐方法也容易忽视结构化数据中组合信息和整体信息所蕴含的丰富特征，且在文本（非结构化信息）的特征提取中，往往忽略了短语对推荐的影响。此外，这些方法在处理短文本中的单词稀疏问题及文本段落中的同义词问题时也存在困难。

幸运的是，注意力机制作为一种可以专注于相关部分并忽略其他不相关信息的机制[28]，最初应用于机器翻译领域，现已在图像处理、语音识别及文本处理等神经网络中占据主导地位。通过注意力机制，可以专注于与用户当前兴趣相关的用户特征，从而减少过多历史信息带来的噪声。此外，注意力机制还能够强化并突出用户（或项目）具有代表性的特征。因此，如何利用注意力机制改进深度学习模型，提升特征提取精度，成为当前推荐系统研究中的重要科学问题。

基于深度学习的混合推荐方法通常属于高度依赖标注数据的有监督学习模型。这类方法虽然在引入注意力机制后能在一定程度上提升推荐性能，但在一些特殊情况下（如新领域、新系统或隐私保护极其严格的环境），它们可能会因为缺乏充足的标注数据而无法正常工作。特别是在标注数据稀缺的情况下，这些监督学习模型的性能会显著下降。再者，这类方法在处理历史行为时，容易受到热门项目的影响，倾向于推荐大众化的项目，难以挖掘长尾项目（如冷门的优质产品或小众的精品等）。另外，传统的推荐方法通常将推荐过程视作静态的，难以实时响应用户兴趣和环境的变化。

为了解决这些问题，强化学习（Reinforcement Learning，RL）成为一种具有巨大潜力的解决方案。与传统的监督学习方法不同，强化学习无须依赖人工标注数据，它能够在动态变化的环境中自适应学习。强化学习通过与环境的不断交互，利用"试错"过程学习到最优策略，最终使环境中的累积奖赏值最大化。自 1954年 Minsky 首次提出强化学习概念以来，强化学习逐渐发展。1989 年，Watkins 提出的 Q 学习方法成为强化学习中的经典算法。早期的强化学习主要集中于有模型（Model-Based）的方法，尽管它们能在有先验知识的情况下解决一些问题，但受到低维度问题和可扩展性问题的限制，导致其发展进程缓慢。

直到 2013 年，DeepMind 研究团队提出了基于深度学习（DL）和强化学习融合的深度强化学习（Deep Reinforcement Learning，DRL）方法。这一方法能够在高维状态空间和高维动作空间下处理序贯决策问题，通过深度学习提取高维特征，并通过强化学习实现序列处理，从而在高复杂度环境中取得了巨大进展。例如，深度 Q 网络（Deep Q-Network，DQN）利用卷积神经网络（CNN）对复杂的游戏界面进行高阶特征提取，有效地解决了大规模状态空间的问题；竞争网络（Dueling Network）结构则通过引入神经网络的优势函数扩展了 DQN，从而提高了稳定性。

虽然深度强化学习在围棋、自动驾驶、机械控制等领域取得了显著的成果，但在推荐系统中，仍面临一些独特的挑战。这些挑战包括：用户和项目数量规模庞大，动作空间高度稀疏，新用户或新项目的动态变化等。此外，在推荐系统中，用户与系统的交互是动态的，导致从离散动作空间中得到有效反馈变得更加困难。所有这些问题使得深度强化学习在处理大规模用户状态和项目环境时的推荐性能受到限制，并且在序贯决策的计算过程中容易产生性能瓶颈。因此，尽管深度强化学习能够为个性化推荐提供智能决策，但如何通过智能体（Agent）来使每个用户的长期满意度最大化，依然是一个亟待解决的难题。

与经典的深度强化学习应用不同，推荐系统的复杂性使得在尚未探索过的发散用户状态和项目库中难以得到有效的反馈，从而使得经典的深度强化学习方法难以直接应用于推荐领域。因此，研究者们已经在网络结构、训练模型以及策略优化等方面进行了许多改进，旨在克服推荐系统的独特挑战，使深度强化学习能够成功应用于推荐系统。通过这些改进，深度强化学习在推荐领域的应用前景变得愈加广阔。

综上所述，基于深度学习的混合推荐方法是一种新兴的监督学习推荐技术，它在处理推荐问题时，能够有效缓解以下几类关键问题：过度依赖人工特征提取、数据稀疏、冷启动以及海量数据处理的时间成本。混合推荐方法的优势在于它可以将多种算法进行融合，从而提高推荐系统的准确性和鲁棒性。

在此基础上，融入注意力机制的模型进一步优化了推荐效果。注意力机制能够帮助系统识别序贯决策中不同任务的重要性，捕捉结构化数据中各特征的重要性，甚至能理解非结构化文本数据中各个单词对推荐结果的影响程度。尽管注意力机制带来了可观的优势，但该技术的研究仍处于初级阶段，系统性创新成果较为稀缺。例如，当前模型容易忽视组合特征以及整体特征的影响，这可能导致推荐结果的偏差。

更加重要的是，现有的监督学习模型通常依赖大量的标注数据，而在一些特定的应用场景中，尤其是在缺乏足够标注数据的环境中，这些模型难以发挥其应有的作用。此外，现有方法在长序列推荐以及长尾项目的挖掘方面依然面临挑战，限制了其在实际应用中的广泛适用性。

深度强化学习凭借其无须人工标注数据的特性，同样在推荐领域具有潜力。然而，深度强化学习在推荐系统中的应用仍然存在许多问题：用户和项目数量庞大且动态变化，动作空间高度离散，环境交互反馈极度稀疏，且推荐响应时间通常有限。这些问题限制了其在推荐领域的进一步发展。

目前，深度学习在推荐系统领域的应用仍处于初级阶段，尤其是深度强化学习尚处于萌芽状态，离广泛应用仍有一段距离。为了推动该领域的发展，本书将从"局部-全局"的视角出发，提出一种新的注意力机制，旨在提升从稀疏数据中挖掘隐藏特征的精度。与此同时，本书还将针对样本不均衡、网络更新不稳定、训练过程不收敛以及学习效率低等问题，提出新的深度强化推荐方法。这些研究思路具有前瞻性和创新性，不仅对理论研究有重要意义，而且具有广阔的实践应用前景，具有重要的学术价值和应用潜力。

1.2　国内外研究现状

推荐系统经过多年的发展，已从基于协同过滤的推荐方法和基于内容的推荐方法，逐步演化为当前热门的基于深度学习的混合推荐方法。这些方法均属于依赖标注数据的监督学习方法。得益于深度强化学习（DRL）在策略梯度、值函数逼近和探索机制等方面的发展，近年来研究人员开始探索利用 DRL 实现不依赖人工标注数据的推荐系统。因此，本书将分别从监督学习（包括传统推荐方法和基于机器学习的混合推荐方法）以及强化学习的角度，对与本书相关的国内外代表性研究进行分析。

1.2.1　传统推荐方法

传统推荐方法包括基于协同过滤的推荐方法（简称协同过滤方法）、基于内容的推荐方法和混合推荐方法，以下分别进行描述。

协同过滤方法是推荐领域中应用最早且最广泛的方法。无论是早期的基于邻域的推荐方法和基于矩阵分解的推荐方法，还是后来的非负矩阵分解法、全值域分解法和面向 Top-K 排序的贝叶斯个性化排名方法[38]，它们均属于协同过滤方法，主要通过"相似用户具有相似兴趣"的原理，帮助用户发现感兴趣的新项目[39]。例如，Wen 等人[40] 为了解决概率矩阵分解（Probabilistic Matrix Factorization，PMF）存在的过拟合问题，引入了局部低秩矩阵逼近（Local Low-rank Matrix Approximation，LLRMA）方法，提出了一种基于局部概率矩阵分解（Local Probabilistic Matrix Factorization，LPMF）的推荐方法。该方法通过局部最优来估算参数，减轻每个局部模型的过拟合现象，最终提升了整体的推荐效果。在基于社交网络的兴趣点（POI）推荐中，基于社交关系的协同过滤方法应用最早。该方法根据两个朋友之间的社会关系和签到的相似性进行推荐[41]，不考虑所有用户，因此运算速度较快，但也牺牲了准确度[42]。随后，为了学习用户的潜在偏好或潜在特征，出现了使用矩阵分解方法整合社会影响的基于社会正规化的概率矩阵分解（Probabilistic Matrix Factorization based on Social Relations，PMFSR）[43,44]。协同过滤的高效性在于仅利用历史评分数据即可完成推荐，但其缺点也较为明显，即无法应对稀疏数据环境[45]。因此，协同过滤逐步发展为通过构建用户与项目的隐表示来完成推荐的矩阵分解方法。然而，这种方法仍然难以解决数据极度稀疏的问题，并且在大规模数据环境下也面临挑战。

基于内容的推荐方法主要通过分析用户已选择的项目及其具备的属性，从内容相似的角度挖掘新项目。例如，Raymond 等人[46] 提出了学习智能图书推荐方法（Learning Intelligent Book Recommending Agent，LIBRA），该方法利用简单贝叶斯学习方法获取书籍信息，并从内容上构建用户对新项目的喜好模型。这是一种具有较好解析性且能有效推荐未评级书籍的推荐方法。Chao 等人[47] 在图像分割领域提出了一种部分隶属模型（Partial Membership LDA，PM-LDA）的推荐方法，用于处理图像中可能存在的重合问题（如水中的鱼和雾中的人等），从而实现为单一图像推荐多个标签。近年来，研究者开始使用签到数据的上下文以及主题（内容）信息来实现 POI 推荐。这类方法主要通过从文本等辅助信息中提取隐藏信息，构建用户与 POI 的关联。例如，Li 等人[48] 提出了一种基于排序的地理因子分解方法，利用地理和时间上下文对 POI 进行推荐；Li 等人[49] 将 POI 的主题分类引入计算模型，提出了一种统一的 POI 推荐方法，该方法比仅使用用户与 POI 之间的地理信息和社会关系的模型具有更高的推荐性能。此类推荐方法从用户或项目的内容中挖掘用户偏好（特征），并根据这些偏好完成推荐，其推荐准确性依赖于特征提取的精确度。然而，特征提取方法大多依赖人工处理数据的方式，这使得该方法难以适应大数据环境[50]。

基于协同过滤的推荐方法和基于内容的推荐方法各有优缺点，且适用于不同的场景。混合这两种方法可以有效提高推荐性能并克服各自的缺陷。例如，George 等人[51] 将基于内容的推荐方法和协同过滤方法相结合，提出了一种混合电影推荐方法（Movie Recommender，MoRes）。该方法首先使用协同过滤方法进行预测，当满足一定条件时切换到基于内容的推荐方法，从而利用两种方法的互补优势提高推荐精度。Zhen 等人[52] 为解决数据稀疏性问题，采用基于动态主题模型（Dynamic Topic Model，DTM）获取用户的主题分布和位置信息，再通过矩阵分解计算用户与位置的相似性，实现了 POI 的推荐。

总体而言，尽管这些传统方法在小规模数据环境中能够取得较好的推荐效果，但基于协同过滤的推荐方法在处理稀疏数据时准确性较低，同时在相似度计算时会产生较大的时间开销；基于内容的推荐方法过于依赖人工提取特征，且难以从大数据中快速提取有效特征；而混合推荐方法仍然面临冷启动问题，存在可解释性差和适用性低等缺陷。换句话说，这些方法在大数据环境下的应用效果并不理想。

1.2.2 基于深度学习的混合推荐方法

随着大数据环境的变化，"用户-项目"矩阵的维度往往达到数千万个甚至数亿个，这导致了数据稀疏问题的加剧，使得传统推荐方法难以适应大规模数据场景。为了应对这一挑战，基于内容的推荐方法应运而生，它通过从显式特征（如评分）或隐式特征（如点击、购买行为或用户画像等）中提取用户的偏好，进而计算特征化后的偏好与待预测项目之间的内容匹配度。这一方法在一定程度上缓解了新项目的冷启动问题，但仍然面临着特征提取困难的问题[53]。

为了解决这些问题，近年来，研究者们通过结合机器学习方法，提出了能够自动提取特征的推荐模型。这些方法不再依赖人工提取特征，而是通过用户画像和历史行为数据来提取用户的隐表示，同时通过项目内容信息提取项目的隐表示，再利用基于内容的推荐方法构建用户与项目之间的关联，形成了基于机器学习的混合推荐方法。例如，Guo 等人[54] 提出了一种融合深度神经网络与传统因子分解机的混合推荐方法（DeepFM），该方法通过深度神经网络提取高阶特征，因子分解机提取低阶特征，并通过预测器融合高低阶特征来进行高精度的点击率预测（CTR）。

此外，Yin 等人[55] 提出了一种空间感知的分层协作深度学习模型（SH-CDL）。该模型利用深度学习从个人的兴趣点中提取偏好信息，并借助协同过滤方法分析个人偏好的内在关联关系，从而完成推荐，较好地缓解了冷启动问题。而 Ma 等人[56] 则提出了结合自动编码器（Self-Attentive Autoencoder）与地理位置的多维注意力机制，进一步提升了特征提取的精度。这使得模型能够更好地捕捉隐藏特征，解决了数据稀疏的问题。

为了解决传统推荐方法中过度依赖人工特征提取的问题，Zheng 等人[57] 提出了深度协作神经网络（DcepCoNN）方法。该方法使用并列的两个卷积神经网络，分别从非结构化的文本内容中提取用户和项目的隐藏特征，并通过传统推荐方法利用这些隐含特征构建用户与项目的关联，最终实现推荐。这种方法有效地提升了对稀疏数据的利用效率，进一步优化了推荐系统的性能。

在极度稀疏的环境下，有效利用文本和图像等非结构化数据是提升模型表现的关键策略之一[58,59]]。为了充分利用文本信息、数据的上下文以及特征间隐含的潜在关系，当前的研究主要通过引入注意力机制来扩展神经网络的能力。例如，Li 等人[60] 提出了全局-局部注意力（Global-Local Attention, GLA）方法。该方法首先通过基于注意力机制的卷积神经网络（CNN）模型分析图像中的对象信息，再使用基于注意力机制的循环神经网络（RNN）模型来构建这些对象与文本特征之间的关联，从而使 GLA 模型能够为图像生成准确的文字描述。Wang 等人[61] 提出了跨多个深度神经网络的元注意力（Meta-Attention）模型，可用于自动推荐热点文章。该模型首先利用 RNN 提取文章的表达特征（如主题和关键词等），再通过基于注意力的深度神经网络（DNN）模型建立这些表达特征与读者之间的关联关系，解决了文章推荐中过度依赖人工推荐的问题。Ma 等人[56] 提出了基于注意力机制的自编码器模型，该模型能在大数据环境下利用社交信息进行兴趣点（POI）推荐，但它过度依赖社交网络信息，导致无法有效发掘优质的长尾 POI。Liu 等人[62] 考虑引入用户的文本信息来丰富 POI 的表达特征，从而提升 POI 推荐的精度。Chang 等人[63] 则综合考虑了结构化和非结构化数据（如文本和图像），提出了一种基于单层注意力的神经网络，极大提升了 POI 推荐的性能。此外，Xie 等人[64] 通过基于眼动注意力机制的机器学习模型，从用户眼部在文本上的停留时间获取隐藏特征，构建了短文本与长文本之间的关联关系。

这些基于深度学习的推荐方法，作为依赖标注数据的监督学习模型，成功解决了传统方法中数据特征提取不充分以及用户-项目关联矩阵维度过高的问题。然而，随着新领域或新系统的不断发展，缺乏足够标注数据的问题变得更加突出，特别是在长尾项目的挖掘上。在互联网平台中，通常 80% 的用户只会发现或选择 20% 的项目，剩余的未被发现或选择的项目即为长尾项目[65]。在监督学习模型中，这些长尾项目往往由于缺乏用户购买记录，无法生成有效的标注数据，导致许多个性化项目（如冷门精品或小众产品）难以为感兴趣的用户所发现。

1.2.3　基于深度强化学习的推荐方法

在难以收集大量标注数据的环境中，无监督推荐系统已经成为缓解冷启动问题的有效方法之一，尤其是它能够为用户挖掘具有价值的长尾项目。而强化学习（RL）作为一种不依赖人工标注数据的有效方法，近年来得到了广泛关注。然而，经典的 RL 方法通常只能应对低维问题，这导致其在许多复杂领域的发展较为缓慢。幸运的是，深度强化学习（DRL）能够从高维数据中学习到控制策略的改进方法，并在游戏等领域取得了显著的成果。然而，DRL 在推荐系统中的应用仍面临诸多挑战。首先，推荐系统中的用户和项目数量庞大，导致状态空间和动作空间的维度极高，这使得 DRL 在这些高维空间中进行有效的序贯决策变得更加困难[66]。其次，推荐系统中的项目通常是离散的，且动作空间高度稀疏，这进一步增加了方法的复杂性。此外，推荐系统还常常面临着新用户和新项目的动态变化问题，这使得 DRL 在实际应用中很难得到有效的反馈和稳定的学习效果。针对这些问题，研究者们尝试在网络结构、训练模型和策略优化等方面对 DRL 进行改进，从而使其更好地适应推荐系统的特定需求[30]。例如，Eugene 等人[67] 提出了 SLATE-Q 方法，这是一种在 Q-Learning 方法基础上的扩展，通过拟合"用户-项目"对的收益函数来缓解 Q 表无法处理大规模收益的问题。Ouyang 等人 [68] 基于自注意力（Self-Attention）机制提出了深度时空神经网络（DSTN）模型，通过从候选推荐列表中的空间域和时间域提取辅助信息，消除点击率预估中的坑位偏置问题。Fujimoto 等人[69] 提出了批处理约束方法（BCQ），该方法通过从离线数据中学习最优策略来修正差异样本所带来的误差，并进一步提出了双延迟深度确定性策略梯度方法（TD3），该方法结合 DoubleDQN 的思想，通过引入延迟策略和正则化策略缓解了过拟合问题。

尽管这些方法在一定程度上提升了高维特征的表达能力，处理了较大规模状态空间的问题，但它们大多数仍然面临着一些不足。例如，BCQ 能够解决样本均衡问题，但对于次优经验的处理却表现不佳；SLATE-Q、DSTN 和 TD3 等方法虽然可以提取更多的辅助信息，但它们并没有很好地解决样本均衡问题。此外，深度强化学习方法在推荐领域的应用还受限于缺乏可实时反馈的训练环境，这导致了训练过程的不稳定和收敛困难。因此，针对这些问题，本书将探讨如何在整体性层面上考虑并解决样本不均衡、更新不稳定、训练不收敛和学习效率低等问题。通过这些努力，期望能够推动深度强化学习方法在推荐系统中的应用，提升其推荐性能，尤其是在高维状态空间和高维动作空间的复杂环境下。

1.3　面临的问题与挑战

尽管推荐系统是解决互联网等平台中信息过载问题的有效技术，但它们也面临诸多挑战，核心挑战包括数据稀疏、冷启动问题和难以收集可用标注数据[38,39,50,58,59,66]。其中，数据稀疏和冷启动问题一直是推荐领域持续关注和需要解决的核心问题；而近年来，随着深度神经网络的发展，在难以收集可用标注数据的极端环境下进行推荐成为可能，从而促使研究者开始关注这一类缺乏可用标注数据的挑战。

本书的核心在于提出一系列层次化注意力机制，从稀疏数据中挖掘更多的辅助信息，并融合传统推荐方法，形成基于深度学习的混合推荐方法，以有效缓解系统冷启动问题；同时，通过有效解决深度强化学习在推荐领域面临的问题，提出基于深度强化学习的混合推荐方法，能够在难以收集可用标注数据等极端环境下实现推荐。然而，在应对这些挑战的过程中，我们发现这些挑战可以细分为以下问题。

（1）用户或项目的数据规模过大且结构过于复杂。现有互联网平台的用户或项目规模庞大，导致"用户-项目"矩阵的维度达到数千万个甚至数亿个，远远超出了协同过滤和矩阵分解等传统推荐技术能够直接有效处理的范围。同时，这些平台更加注重用户的个性化体验，所积累的数据结构也极为复杂，既包括类别、属性或地理位置等结构化信息，也涵盖了文本、图像或序列等非结构化数据。

（2）难以从稀疏数据中自动提取有效的隐藏特征。多元化的平台收集和积累的信息存在差异，且部分数据存在缺失，导致出现数据稀疏问题。在数据稀疏的情况下，尽可能从结构复杂的数据中自动提取高准确率的特征是解决冷启动问题的有效途径，也是传统基于内容的推荐方法能够有效应对冷启动问题的主要策略之一。然而，传统基于内容的推荐方法的特征提取过于依赖人工提取方式，导致难以从非结构化稀疏数据中自动提取高准确率的特征。

（3）现有注意力机制容易忽略对组合特征和整体特征的分析。可以发现，不仅单个特征蕴含了丰富的辅助信息，组合特征和整体特征同样也包含着大量有价值的辅助信息。虽然注意力机制是简化神经网络的有效策略之一，但现有的注意力机制往往忽略了从组合特征和整体特征中提取有效的辅助信息，及其对推荐效果的潜在影响。

（4）推荐是一个实时反馈的过程，且用户或项目是动态变化的。用户与互联网平台（推荐系统）的交互是一个持续且实时反馈的过程，在这一过程中，不断会有新的用户和项目加入。同时，以历史经验作为训练数据的模型，需要提升其泛化能力，这样才能有效地为新用户推荐新项目。

（5）用户可选择的项目空间高度离散。为用户推荐一个新项目的问题，可以形式化为求解一个用户对所有项目的选择概率分布的问题。因此，为用户推荐的新项目，就是从该概率分布中找出概率最大的项目。由此可见，项目的选择空间是高度离散的。

（6）样本数据不均衡，难以挖掘长尾项目。现有推荐系统倾向于推荐热门项目，原因在于数据样本的不均衡，即热门项目和非热门项目的比例符合二八原则（80% 的用户选择了 20% 的热门项目）。正因如此，挖掘优质的长尾项目（或小众精品）成为实现互联网平台商业目标的有效策略之一。

（7）难以收集可用的标注数据。深度学习是一个曲线拟合过程，即通过标注数据反向学习来预测模型。在新领域、新系统或安全要求极高的环境中，难以收集到可用的人工标注数据，这成为有效使用深度学习模型的最大制约因素。

（8）缺乏有效的环境模拟器也是制约不依赖人工标注数据的深度强化推荐方法发展的核心因素。环境模拟器应当模拟人类的学习行为，使其能够从有限的样本中推断出规则并解决新任务。在推荐领域中，高质量的环境模拟器需要在较小规模的样本环境中实现多样性和多类目标。核心问题在于：如何在有限样本环境中有效地训练环境模拟器，包括解决过拟合、训练稳定性差以及样本不足导致的特征学习不足等问题；如何在不平衡的数据环境中有效地训练环境模拟器。

1.4　主要工作和贡献

由上一节内容可知，本书主要研究推荐领域的新理论和方法，旨在解决数据稀疏、冷启动困难以及难以收集可用标注数据等问题。这些问题的解决可以细分为多个具体问题的求解。本书为了解决这些问题，所做的主要工作和贡献有以下三点。

（1）针对传统推荐方法中存在的数据稀疏、冷启动和特征提取过度依赖人工等问题，本书首先考虑到非结构化文本数据中不同单词和短语对推荐的影响差异，提出了一种基于"字符-短语"注意力机制的卷积神经网络（CNN）。通过构建双列 CNN 结构，分别对用户和项目的评论文本进行分析，从中探索核心词汇和重要短语对目标特征的贡献。在此基础上，融合因子分解机（FM），提出了一种基于层次注意力机制和因子分解机的混合推荐方法——ACNN-FM。该方法通过从用户和项目的隐藏特征中构建"用户-项目"的关联关系，为用户推荐其喜欢的项目。实验结果表明，ACNN-FM 方法在冷启动用户中表现出更优的推荐性能。

（2）针对 POI 推荐领域中单个用户存在的数据稀疏、冷启动以及难以挖掘有价值的长尾 POI 的问题，本书提出了一种基于"局部-整体"注意力机制的 POI 推荐方法（HAM-POIRec）。首先，该方法在评论文本之外，加入包括 POI 描述文本和图片等非结构化数据，将从结构化数据中提取的特征凝练为显式特征概念，并将从非结构化数据中提取的特征凝练为隐式特征概念。其次，提出了"局部-整体"结构的层次注意力机制，提取单一特征、组合特征和整体特征对推荐的贡献度，以及所蕴含的高价值辅助信息。最后，基于自然语言处理技术，提出了"用户-项目"匹配度运算函数，并以此为权重对推荐列表进行微调优化。实验结果表明，HAM-POIRec 方法能够从个体用户稀疏的数据中提取更多的表达特征，缓解冷启动问题，并且能够对有价值的长尾 POI 进行个性化推荐。

（3）针对深度强化学习（DRL）在推荐领域中面临的用户和项目数量庞大且动态可变、动作空间高度离散、环境交互反馈极为稀疏以及推荐响应时间有限等问题，本书着眼于提升高价值历史经验的利用率，并从用户状态或项目信息中提取更多的隐藏特征。基于行动者-评论家（Actor-Critic）架构，本书提出了一种深度强化学习推荐方法。一方面，提出了一种基于层次注意力机制的行动者（Actor）网络，通过挖掘更多用户状态的辅助信息来生成更精确的项目列表；另一方面，提出了一种增强的经验优先回放机制，在缓解过拟合的同时，有效学习解决动作空间过大的推荐模型。实验结果显示，HEDRL-Rec 方法的平均回报率比 ILRD 方法高出 10.8%，证明 HEDRL-Rec 方法在高维动作空间的可用性、收敛性和有效性方面具有更优的推荐性能。

（4）在新领域或新系统中，数据稀疏性更为严重。尽管一些研究者尝试利用基于深度强化学习（DRL）的推荐方法，在不依赖手动标注数据的情况下缓解冷启动问题，但由于缺乏可用的训练环境，研究进展较慢。因此，本书设计了一种自适应的基于元模仿学习的推荐环境模拟器，称为 AMIL-Simulator。具体而言，构建了一个条件引导扩散模型来模拟用户在动态变化环境中的行为。此外，提出了一种基于自适应元模仿学习的用户奖励模型，即使在样本有限和类别不平衡的情况下，也能够在多个任务中学习用户奖励。大量实验验证表明，该方法在监督学习和强化学习的推荐方法中都具有显著的有效性。

（5）船运指的是通过水路运输货物，相较于空中运输和陆路运输，船运具有成本更低、货运量更大的显著优势。如何提高货物匹配效率，增加货物装载量，并提升整体运输效率，是提升航运效率的核心问题。本书探讨了如何使用推荐系统实现船货匹配，进行高效、合理的配对，以确保物流运输的高效性、经济性，并使双方的利益最大化。

以上 5 个主要工作和贡献点分别对应本书第 3、4、5、6 和 7 章的内容。其中，第 4 章至第 6 章的贡献点在于：基于深度学习的拟合能力，从结构复杂的稀疏数据中自动提取特征，并能够处理大规模数据；逐步提出的系列层次注意力机制在单一特征的基础上，增加了对组合特征和整体特征的分析，进一步挖掘稀疏数据所蕴含的辅助特征，从而挖掘长尾项目；提出的系列措施有效解决了深度强化学习在推荐领域中面临的挑战，如用户（和项目）规模过大且动态可变、项目空间高度离散以及反馈数据极度稀疏等问题，能够有效解决难以收集可用标注数据的难题；设计了一种自适应的基于元模仿学习的推荐环境模拟器，可在样本有限和类别不平衡的情况下，实时训练推荐方法。具体如表 1.1 所示。

表 1.1　所面临的问题以及相关问题解决情况

序号	所面临的问题	相关问题解决情况			
		第 3 章	第 4 章	第 5 章	第 6 章
1	用户或项目的数据规模过大和结构过复杂	✓	✓	✓	
2	难以从稀疏数据中提取有效隐藏特征	✓	✓	✓	✓
3	注意力机制容易忽略组合和整体特征分析	✓	✓	✓	
4	实时反馈，用户或者项目动态可变			✓	✓
5	用户可选择的项目空间高度离散		✓	✓	
6	样本数据不均衡，难以挖掘长尾项目		✓	✓	✓
7	难以收集可用标注数据			✓	✓
8	缺乏实时反馈的环境模拟器				✓

1.5　本书组织结构

本书共 8 章，系统地围绕基于深度学习的个性化推荐方法进行了全面研究，其组织结构如图 1.1 所示。

具体而言，各章的主要内容如下：

第 1 章为绪论，主要阐述了研究背景及意义，回顾了现有推荐方法的国内外代表性研究成果，并进行了总结，凝练出待解决的问题和挑战。同时，介绍了本书的主要工作和组织结构。

第 2 章为基本概念和预备知识，介绍了传统推荐方法和深度学习的一些基本概念、定义与原理，并对评价指标进行了阐述。

第 3 章提出了基于"字符-短语"注意力机制和因子分解机的混合推荐方法。首先分别提出了字符级和短语级注意力机制，构建层次注意力机制；然后基于该注意力机制，设计了双列卷积神经网络（CNN）并融入因子分解机，提出了高效的混合推荐方法，并在实验中验证了其有效性。本章节部分成果发表于 SCI 期刊 *Knowledge-Based Systems*（2019, 181: 104786）。

第 4 章提出了基于"局部-整体"注意力和文本匹配机制的兴趣点（POI）推荐方法。首先，引入了结构化和非结构化数据，提出了"局部-整体"结构的层次注意力机制；其次，基于自然语言处理技术，提出了"用户-项目"匹配度运算函数，最终形成了个性化 POI 推荐方法，并通过实验验证了其高效性。本章部分成果发表于 SCI 期刊 *Applied Soft Computing*（2020, 96: 106536）。

第 5 章提出了基于层次注意力和增强经验优先回放机制的深度强化学习推荐方法。为解决深度强化学习（DRL）在推荐领域存在的问题，提出了基于层次注意力机制的行动者网络（该机制受第 3 章和第 4 章启发而形成）、基于深度学习的评论家网络模型，以及增强经验优先回放机制——共同构成了深度强化推荐方法，并通过实验验证了其在推荐领域的稳定性和高效性。本章部分成果发表于 SCI 期刊 *IEEE Transactions on Network Science and Engineering*（2023, 10(2): 871-886）。

第 6 章提出了基于自适应元模仿学习的推荐环境模拟器。为缓解新领域或新系统的冷启动问题，提出了一种基于自适应元模仿学习的环境模拟器——AMIL-Simulator。该模拟器能够模拟用户行为和反馈，为推荐系统提供训练数据，从而在缺乏标注数据的环境中进行有效的模型训练。通过大量实验，结果证明 AMIL-Simulator 方法能够有效缓解新领域或新系统的冷启动难题，为推荐系统在新环境下的应用提供了一种有效的解决方案。本章部分成果发表于 SCI 期刊 *Information Fusion*（2025, 115: 102740）。

第 7 章以船货匹配为例，阐述了推荐方法的工程应用。通过分析船运行业的具体需求，提出了利用推荐系统解决船货匹配问题的完整解决方案，旨在提高船货匹配的效率和准确性。船货匹配平台通过集成本书提出的系列方法，可有效提升船货匹配性能，降低物流成本，提高航运效率。本章为推荐算法在实际工程问题中的应用提供了参考。

第 8 章对全文进行了总结，并展望了未来的研究工作。

第1章 绪论

第2章 基本概念和预备知识

第3章 基于"字符-短语"
注意力机制和因子分解机的
混合推荐方法

第4章 基于"局部-整体"
注意力和文本匹配机制的
兴趣点推荐方法

第5章 基于层次注意力和增强经验
优先回放机制的深度强化学习推荐方法

第6章 基于自适应元模仿学习的推荐
环境模拟器

第7章 推荐系统在船运中的应用

第8章 总结与展望

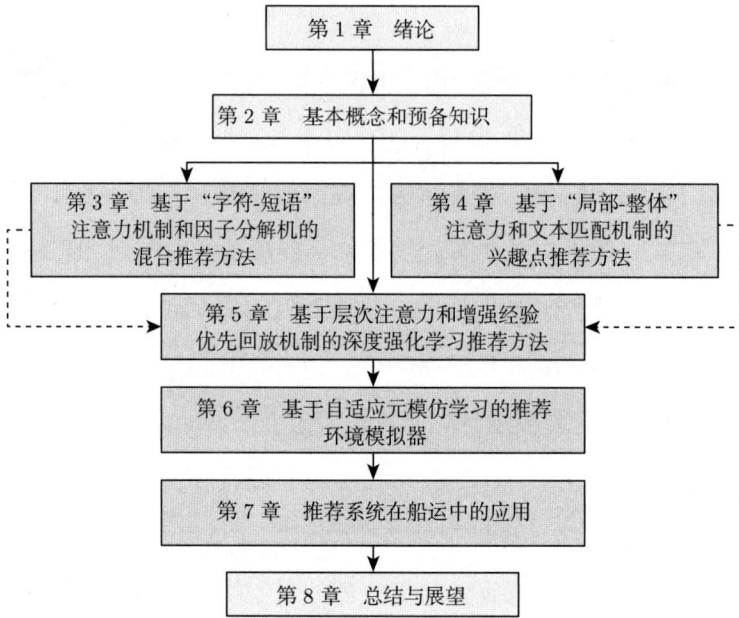

图 1.1 本书组织结构

第 2 章 基本概念和预备知识

本章主要阐述了本书所提出的以下推荐方法的相关概念和预备知识：基于"字符-短语"注意力机制和因子分解机的混合推荐方法，基于"局部-整体"注意力和文本匹配机制的兴趣点推荐方法，基于层次注意力和增强经验优先回放机制的深度强化推荐方法，以及基于自适应元模仿学习的推荐环境模拟器。一方面，介绍了推荐系统的技术基础，包括协同过滤方法、矩阵分解方法等传统推荐技术，以及相关的深度学习技术；另一方面，介绍了本书所涉及的评价标准。

2.1 深度学习技术

机器学习是一门新兴学科，主要利用计算机相关技术模拟人类学习行为，使计算机能够学习到新的技能和技术。在该学科中，基于人工神经网络的细分领域发展出了深度学习[16]。深度学习是当前人工智能领域最热门的研究方向[21]，通过多层神经网络从数据中训练（学习）到能够刻画事物特征的表示。传统的线性回归等方法在特征提取方面严重依赖人工方式，这一特性限制了这些方法在大数据环境中的应用。深度学习的本质是构建更多隐层的机器学习模型，通过自动发现数据的分布式特征表示来进行学习，从而突破传统方法的瓶颈。利用隐层自动提取特征的方式，使深度学习在图像分析、语音识别和自然语言处理中取得了突破性进展[71]。

当前常用的深度神经网络泛指深度学习，通常包含多层隐藏层，更多的层数能够提供更高的抽象层次。经过多年的发展，目前常见的深度神经网络包括：通过编码和解码过程学习数据隐藏层表示的自编码器（Auto-Encoder，AE）、生成式随机神经网络的玻尔兹曼机（Boltzmann Machine，BM）、由多层非线性计算单元组成的生成式模型——深度信念网络（Deep Belief Network，DBN）、通过参数权值共享来降低复杂度的卷积神经网络（CNN），以及具有记忆单元的循环神经网络（RNN）[71]，其中 CNN 和 RNN 是当前应用最广的神经网络。此外，还有深度强化学习和元学习等最新的深度学习方法。以下将分别阐述这些方法。

2.1.1　卷积神经网络

卷积神经网络（CNN）是当前图像识别领域的主流模型，能够通过卷积操作对数据进行降维，并利用权值共享的方式有效降低模型的复杂度。它是一种类似于生物神经网络的深层前馈神经网络[72]。CNN 的作用是将数据的预处理要求最小化，即以图像的局部感受区域作为最底层输入，使信息经过不同的层进行处理，再通过每一层的数字滤波器提取观测数据中最具代表性的显著特征[27]。该方法获取的显著特征不受平移、缩放和旋转的影响，从局部感受区域中提取最基础的特征，如定向边缘或角点。显然，该方法适用于处理图像固有的特性[73]。

此外，CNN 的权值共享等特点使其能够处理多维图像，避免了传统图像处理方法中存在的特征提取复杂且需要数据重建的问题。因此，CNN 能够有效提取图像中的隐藏特征。

CNN 的网络结构由卷积层、汇聚层（也称子采样层）和全连接层交替堆叠组成[72]。其中，CNN 的难点主要在于卷积层和汇聚层。

卷积层的作用主要是提取更高维度的特征。假设输入图像为 $X \in R^{M \times N}$ 和滤波器（卷积核）$W \in R^{U \times V}$，则二维卷积操作可表示为式 (2.1)，如图 2.1 所示[74]。

$$y_{ij} = \sum_{u=1}^{U} \sum_{v=1}^{V} w_{uv} x_{i-u+1, j-v+1} \tag{2.1}$$

其中，$U \ll M$，$V \ll N$，卷积的输出 y_{ij} 的下标 (i, j) 从 (U, V) 开始。

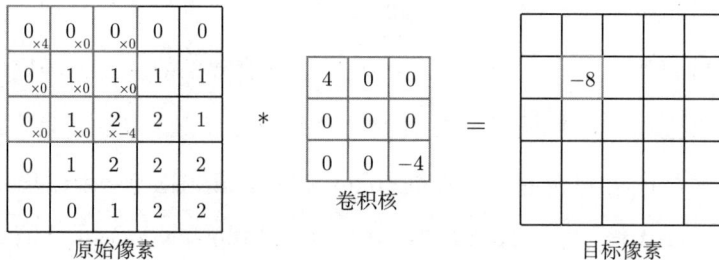

图 2.1　CNN 模型中二维卷积图示

汇聚层的主要作用是按照一定规则选择特征并降低特征的数量，从而减少参数的数量，这也是卷积神经网络（CNN）成功进行数据降维的关键。最常用的 CNN 池化方法主要有最大汇聚（Max Pooling）方法和平均汇聚（Mean Pooling）方法。其中，最大汇聚方法从卷积结果中选择局部区域的最大值作为该区域的表达特征；而平均汇聚方法则计算局部卷积结果的均值，以此作为该局部区域的代表特征。

在推荐系统中，CNN 主要用于从图像、文本和语音等内容中提取用户或项目的隐藏特征，从而获得这些特征的表示。接下来，推荐系统需要进一步使用预测器或传统推荐方法分析用户与项目之间的隐藏特征，并完成最终的推荐。

2.1.2　循环神经网络

普通的全连接网络或卷积神经网络（CNN）属于前馈神经网络，其网络结构通常包括输入层、隐藏层和输出层。各层之间的节点没有直接连接，但层与层之间是完全连接的[72]。此类网络模型仅处理当前输入的数据，且在结构上没有考虑将当前状态传递到下一个训练迭代（下一个时间节点）。因此，前馈神经网络在处理依赖历史数据的序列问题时存在局限性[71]。序列问题包括文本、语音、视频等数据的处理。在循环神经网络（RNN）中，每个神经元不仅接收当前时间节点的输入数据，还会接收上一时间节点的神经元信息。RNN 通过对不同时刻数据之间的依赖关系建模，广泛应用于机器翻译、语音识别和文本生成等领域[60]。

然而，RNN 存在梯度爆炸和梯度消失的问题，这使得它难以处理长序列数据[75]。为了解决这一问题，研究者们引入了门控机制（Gating Mechanism）对 RNN 进行改进。目前，一种应用最广泛的改进方法是长短期记忆网络（Long Short-Term Memory Network，LSTM），它能够分别记忆长序列和短序列的信息；另一种常用的改进方法是门控循环单元（Gated Recurrent Unit，GRU），它降低了模型复杂度，仅记录长序列的记忆[76]。

如图 2.2 所示，LSTM 网络[77] 通过在当前迭代中引入上一时间节点的长期记忆 c_{t-1} 和短期记忆 h_{t-1}，实现了对历史特征的记忆，有效解决了序列问题。在这个过程中，LSTM 网络通过门机制对信息进行筛选。例如，遗忘门 f_t 用于决定是否将短期记忆加入长期记忆；输入门 i_t 用于决定是否需要保存候选状态 $\hat{c}_t$；输出门 o_t 用于决定当前短期记忆 h_t 需要保留的内部状态 c_t 的信息量。也就是说，在 RNN 中，隐藏状态仅存储短期历史信息，而在 LSTM 网络中，记忆单元能够在某个时刻捕获关键信息，并同时保存长时间间隔和短时间间隔的记忆。

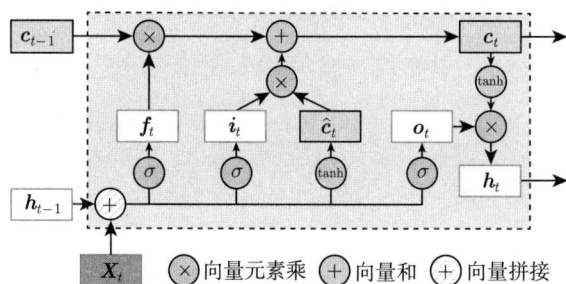

图 2.2   LSTM 网络的循环单元结构

如图 2.3 所示，GRU 网络是 RNN 的一种简化变种，相较于 LSTM，GRU 网络并不区分长短期记忆，而融合保存一种长期记忆。GRU 网络使用更新门（Update Gate）来控制历史记忆的保留数量以及当前状态存入记忆的数量，从而在显著减少运算量的情况下，保持接近 LSTM 网络的学习效果。

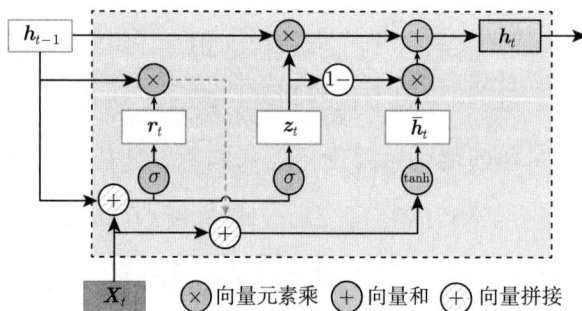

图 2.3   GRU 网络的循环单元结构

循环神经网络（RNN）由于具备对历史特征的记忆能力，擅长解决序列问题，因此在文本处理和语音识别中得到了广泛应用。在推荐领域，循环神经网络可以用来分析用户与项目之间的相关非结构化文本数据，从而捕获序列推荐的隐藏特征，并能够识别用户的序列行为。这些特性有助于提升评分预测、文本推荐以及基于位置的社交网络兴趣点推荐等任务的精确度。

2.1.3　深度强化学习

与 CNN 和 RNN 依赖标注数据拟合模型不同,强化学习(Reinforcement Learning,RL)[78] 被视为标签延迟的机器学习方法,因为其最终回报需要经过多步运算才能得出。因此,强化学习能够在不确定和复杂的环境中,不依赖人工标注数据而学习到有效的模型,并在机器人控制、无人驾驶和金融保险决策等领域发挥重要作用[34]。强化学习主要解决的是序贯决策问题,该过程被建模为马尔可夫决策过程(Markov Decision Process,MDP)。在 MDP 中,存在一个智能体(Agent),它能够感知和识别环境,并基于不同的环境反馈,依据不同的决策(Policy)做出相应的动作(Action),然后与环境进行新的交互并获得新的反馈(Reward,正负反馈),从而引发环境的变化。

强化学习与 MDP 的不同之处在于,强化学习不仅需要基于 MDP 进行决策,还涉及探索和利用(Exploitation & Exploration)机制,以产生历史上未曾出现过的新策略。同时,它通过值函数来评估其探索策略的有效性[79]。如果仅仅依赖当前的认知来使收益最大化,那么只能从已有的历史经验中获得策略,这就是"利用"当前已知信息做决策。然而,这种方法无法进行"探索",即不能挖掘未曾访问过的新空间。因此,需要适当扰动已有的探索规则,以进化出更加丰富的探索策略,最终实现全局最优解。强化学习一般采用 ε-贪心(ε-Greedy)方法在探索和利用之间进行平衡[79],其中,ε-贪心方法以 ε 概率进行探索,以 $1-\varepsilon$ 概率进行利用。

然而,由于强化学习无法在实施完所有策略后才计算总回报,因此需要定义一个函数来表示当前状态下所选择的策略对未来回报的长远影响,这个函数就是值函数(Value Function),其表达式为

$$V^{\pi}(s) = E_{\pi}\left[\sum_{i=0}^{\infty} \gamma^i r_i | s_0 = s\right] \tag{2.2}$$

其中,式 (2.2) 表示在初始状态为 s 的情况下,采取策略 π 所获得的累积奖励的期

望值；γ^i 为第 i 步的折扣因子，用来衡量奖励值在值函数中所起作用的大小（作用会随着执行步数的增加而衰减）。

传统强化学习面临值函数求解困难等问题。近年来，研究者们利用深度学习的强大拟合能力来求解状态值函数，并将其与强化学习的决策能力相结合，形成了深度强化学习（Deep Reinforcement Learning，DRL）[30,66]。在 DRL 中，强化学习用于决策学习，同时定义了优化的目标；而深度学习则利用高维特征提取的能力来提供运行机制，即通过深度学习来表征问题的方式并提供解决思路。深度强化学习（DRL）是一个自动化解决复杂问题的通用智能解决方案，已成为人工智能未来研究的重要方向。

2.1.4　元学习

传统机器学习方法在处理众多不同但相关的小样本学习任务时，常常面临标注数据稀缺和计算资源需求大的问题。这些问题严重制约了模型的泛化能力和对新环境的适应能力，特别是在数据难以获得或成本高昂的情境下。为了应对这些挑战，研究者们引入了元学习的概念。元学习（Meta-Learning）是一种先进的机器学习技术，其核心目标在于增强机器快速适应并从有限数据中有效学习新任务的能力。元学习通过"让学习过程本身成为学习对象"的策略，让模型学会如何更有效地学习，从而显著提升其泛化性能。这样，当面对新的学习任务时，模型能够更迅速地进行适应和学习。元学习在计算机科学及相关应用中展现出了巨大的潜力。

如图 2.4 所示，元学习的工作流程可以分为几个关键步骤：首先，从训练集中抽取支撑集和查询集。其中，支撑集用于学习或微调模型的参数，以便模型能够针对特定任务进行有效的预测或分类；查询集是特定任务上的测试集，用来评估模型在未见过的数据上的性能。其次，通过算法集成，将多个任务的预测结果进行融合，得到最终模型。最后，使用测试集对最终模型进行评估，得到模型的最终预测结果。这一流程体现了元学习在处理小样本学习任务时的优势，即能够在有限的数据上快速学习并泛化到新的任务中。

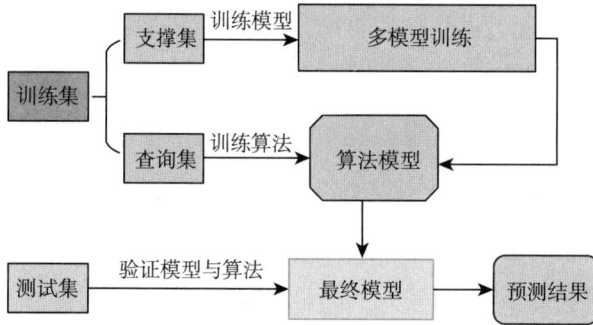

图 2.4　元学习工作流程

具体而言，元学习过程包含两个核心阶段：元训练（Meta-Train）阶段和元测试（Meta-Test）阶段。在元训练阶段，模型通过学习和分析多个具有相关性的任务，以获取一种普适性的学习策略。这些任务各自配备有支撑集（用于训练）和查询集（用于评估），这种设置使得模型能够在不同任务间共享知识，进而增强其在面对新任务时的表现能力。当进入元测试阶段时，模型将面对一个全新的任务，该任务在特性上与元训练阶段的任务存在一定的相似性。在这一阶段，模型会运用在元训练阶段习得的普适性策略，以迅速适应新任务，并在有限的数据资源下进行高效的学习。这种机制确保了模型在面对未知或新类型任务时，能够展现出强大的适应性和学习能力。

通过这种独特的工作模式，元学习不仅显著降低了对大规模标注数据集的依赖程度，还极大地促进了机器学习方法在数据稀缺领域的应用范围。因此，随着科学技术的不断进步，元学习有望在更多领域发挥其巨大潜力，推动人工智能朝着更加灵活、高效的方向发展。举例来说，在医疗诊断、自动驾驶等关键领域，元学习能够帮助系统更迅速地适应新的数据集和任务需求，从而有效提升系统的鲁棒性和泛化能力，为这些领域的发展注入新的活力。

2.2　传统推荐方法

推荐技术主要解决"信息过载"环境下如何帮助用户高效获得其感兴趣的项目信息的问题[7,9]。假设有"用户信息"、"项目信息"和"场景信息"等定义，那么推荐过程可以形式化为：在特定场景 C（Context）中，对于用户 U（User），可以根据海量的"项目" I（Item，也可理解为信息），构建一个函数 $f(U, I, C)$，以协助用户从海量项目中获取感兴趣的项目[72]。本书所提出的系列方法，正是针对不同需求的场景，求解不同的 $f(U, I, C)$。

传统的推荐方法主要包括协同过滤方法、基于内容的推荐方法和混合推荐方法。其中，协同过滤方法是传统推荐的核心指导思想，经过引申和发展，衍生出了矩阵分解等方法。因此，接下来我们将主要介绍与协同过滤和矩阵分解相关的方法。

2.2.1　协同过滤方法

协同过滤方法是推荐领域中使用最广泛的方法，其核心思想是相似的用户具有相似的兴趣。该方法主要通过计算"用户-项目"矩阵中用户之间的相似度，并根据不同的相似度将用户划分为群组，从而为用户推荐同一群组内其他用户访问过的新项目。协同过滤方法简单易用，但在稀疏评分矩阵的环境下，其推荐精度往往会显著下降[11,39,81]。

下面以用户购买商品为例，对协同过滤的过程进行说明。假设有如表 2.1 所示的用户购买记录，首先可以发现，张三购买的 2 项商品与王五购买的 3 项商品中的 2 项相同，但与李四所购买的 1 项商品没有交集。由此可以推断出，张三与王五的兴趣爱好相似（见图 2.5）。其次，可以挖掘相似用户之间对方购买过的其他商品。例如，游戏机是王五购买过而张三没有购买过的商品，因此可以向张三推荐游戏机。这个过程就是典型的协同过滤推荐过程。由于其简单易用的特点，协同过滤方法在工业界得到了广泛应用。尽管当前最新的研究主要集中在基于深度学习的混合推荐方法上，但混合推荐的基本原理仍然遵循经典的协同过滤方法的思维。

协同过滤方法应用于推荐领域后所形成的推荐方法，主要包括"用户相似度计算"和"Top-K 结果排序"两个核心环节[38]。简单而言，首先利用"用户-项目"矩阵分析用户和项目之间的相似度，然后根据相似度进行排序，最终选出相似度最大的 N 个项目，作为用户潜在喜欢的项目。以下分别进行说明。

表 2.1　用户购买的项目记录

用户	项　目			
	手机	口红	篮球	游戏机
张三	✓		✓	
李四		✓		
王五	✓		✓	✓

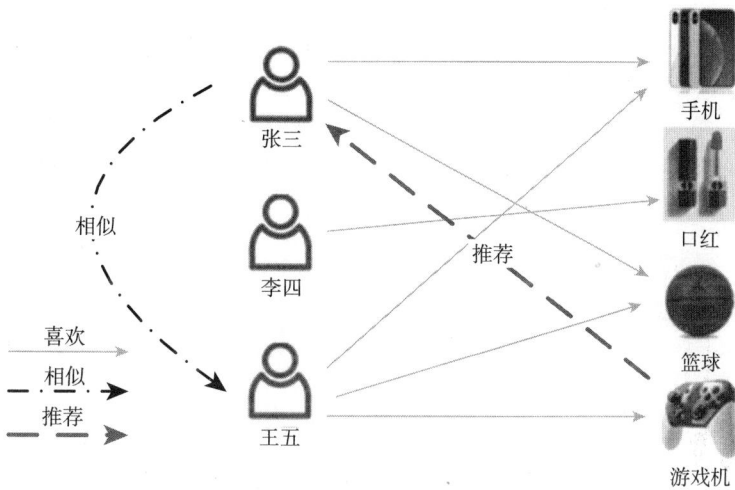

图 2.5　用户购买商品示例中协同过滤推荐过程

（1）用户相似度计算。在协同过滤推荐过程中，核心在于利用"用户-项目"矩阵计算用户与项目之间的相似度。假设有如表 2.1 所示的"用户-项目"矩阵，其中可以用 1 表示喜欢、–1 表示不喜欢，0 表示没有数据。矩阵中的行向量代表了用户向量，也就是说，计算用户 x 和 y 的相似度就是计算它们之间向量的相似度。常用的相似度计算方法如下[82,83]。

① 欧几里得距离（Euclidean Distance）相似度函数是最常见的相似度计算函数，在推荐领域主要用于求解用户向量和项目向量之间的距离，适用于相同维度的量化特征。其核心运算公式如下所示：

$$\mathrm{sim}\,(\boldsymbol{x},\boldsymbol{y}) = \frac{1}{1 + \sqrt{\sum\left(x_i - y_i\right)^2}} \tag{2.3}$$

其中，$\mathrm{sim}(\boldsymbol{x},\boldsymbol{y})$ 取值范围为 $(0,1]$。距离越小，相似度越大。

② 皮尔逊相关系数（Pearson Correlation Coefficient）相似度是一种对欧几里得距离相似度进行改进的函数。该函数提供了不同维度向量的处理方式，可以计算不同量纲向量的相似性，同时也适合高维向量的处理。其核心运算公式如下所示：

$$p\left(\boldsymbol{x}, \boldsymbol{y}\right) = \frac{n \sum x_i y_i - \sum x_i \sum y_i}{\sqrt{n \sum x_i^2 - \left(\sum x_i\right)^2} \sqrt{n \sum y_i^2 - \left(\sum y_i\right)^2}} \tag{2.4}$$

其中，$p\left(\boldsymbol{x}, \boldsymbol{y}\right)$ 的取值范围为 $[-1, 1]$，n 表示变量取值的个数。相比于余弦相似度，该方法减少了评分偏置的影响。

③ 余弦相似度（Cosine Similarity）通过计算用户向量和项目向量之间夹角的余弦值来度量用户与项目之间的相似性，关注的是维度之间的差异。其核心运算公式如下所示：

$$\cos\left(\boldsymbol{x}, \boldsymbol{y}\right) = \frac{\sum x_i y_i}{\sqrt{\sum x_i^2} \sqrt{\sum y_i^2}} \tag{2.5}$$

（2）Top-K 结果排序。依据"相似用户具有相似爱好"的原理，在获得目标用户的相似用户后，可以根据相似用户对项目的已有评价来预测目标用户对项目的评分，如式（2.6）所示，利用"用户相似度"和"相似用户对项目评价"的加权平均来获得目标用户的评价预期：

$$R_{u,p} = \frac{\sum_{s \in S}\left(w_{u,s} \cdot R_{s,p}\right)}{\sum_{s \in S} w_{u,s}} \tag{2.6}$$

其中，权重 $w_{u,s}$ 表示目标用户 u 与相似用户 s 的相似度，S 表示所有用户，$R_{s,p}$ 表示相似用户 s 对物品 p 的评分。最后，根据目标用户对项目的评分进行倒序排列，得出最终的推荐列表。

2.2.2　矩阵分解方法

协同过滤具有直观和解析性强的特点，但在用户历史行为较少的情况下，存在共现矩阵稀疏、难以寻找相似用户、泛化能力较弱等问题。与协同过滤相比，矩阵分解引入了隐向量的概念，以解决矩阵稀疏性问题[72]。矩阵分解将每个用户和项目映射到隐向量的表示空间中，距离相近的用户和项目表明兴趣点接近，从而可以把距离相近的项目推荐给目标用户[40]。矩阵分解主要通过对协同过滤生成的共现矩阵进行分解，得到 2 个子矩阵，分别表示用户和项目的隐藏向量。其中，共现矩阵[84] 用于构建高维特征的隐藏表示。如图 2.6 所示，假设用户数量为 m，项目数量为 n。那么通过一个隐藏向量的维度 k，可以构造维度为 $m \times k$ 的用户矩阵 U，以及维度为 $k \times n$ 的项目矩阵 V。用户矩阵 U 与项目矩阵 V 相乘的结果为 $m \times n$ 维的矩阵 R，即共现矩阵。通过中间维度 k 实现矩阵分解，其中 k 的大小决定模型的泛化能力。

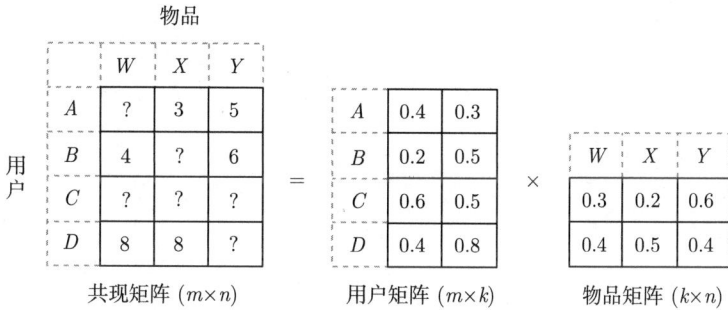

图 2.6　矩阵分解过程

假设 p_u 表示用户 u 在用户矩阵 U 中的行向量，q_i 表示项目 i 在项目矩阵 V 中的列向量。那么，用户 u 对项目 i 的预估评分 $\hat{r}_{ui}$ 为：

$$\hat{r}_{ui} = q_i^{\mathrm{T}} p_u \tag{2.7}$$

在矩阵分解的求解过程中，常用的求解方法是梯度下降法[85]。该过程主要是确定如式（2.8）所示的目标函数，目的是使原始评分 r_{ui} 与用户向量和项目向量之积 $q_i^{\mathrm{T}} p_u$ 之间的差异尽可能小，从而最大限度地保留共现矩阵的原始信息。

$$\min_{q^*, p^*} \sum_{(u,i) \in K} \left(r_{ui} - \hat{r}_{ui}\right)^2 \tag{2.8}$$

其中，K 是所有用户对项目的评分集合。在实际应用中，式 (2.8) 可以考虑加入正则化项，以缓解过拟合现象。训练完成后，可以得到所有用户和项目的隐向量，然后将用户与待推荐项目的评分列表相乘，并按评分倒序排列，最终得出符合目标用户兴趣的项目推荐列表。

2.2.3　基于内容的推荐方法

基于内容的推荐方法[86] 是解决冷启动问题的有效方法之一，也是实现个性化推荐的性价比较高的方法，基于内容的推荐过程如图 2.7 所示。冷启动问题指的是在新用户或新物品出现时，由于历史数据匮乏，传统的推荐方法难以提供精准的推荐。幸运的是，基于内容的推荐方法通过深入分析物品本身的特征，而非单纯依赖用户行为数据，从而有效应对这一难题。此外，该方法还通过对用户过往偏好的细致分析，能够生成高度个性化的推荐，精准满足用户的独特需求。

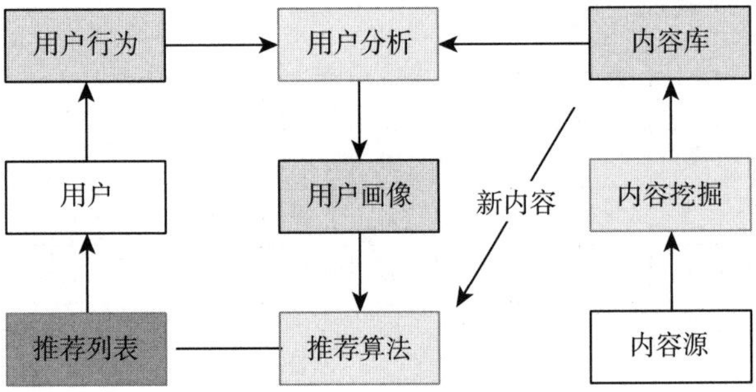

图 2.7　基于内容的推荐过程

基于内容的推荐方法，其核心思想是通过物品的内容特征和用户的兴趣（也可以表示为标签），预测用户可能感兴趣的物品。其工作流程通常包括以下几个步骤。

（1）物品特征提取：首先需要对物品进行深入的特征提取工作。以电影为例，其特征可能包括题材、导演、演员阵容等关键信息；而对于书籍，其特征可能包括类别归属、作者身份以及关键词描述等。这些特征可以是结构化的明确标签，也可以是通过先进的自然语言处理技术，从详细的描述性文本中提炼出的非结构化特征。

（2）用户兴趣建模：这一过程侧重于通过深入分析用户的过往行为数据（如浏览记录、评分反馈、购买历史等多个维度），来构建用户的个性化兴趣模型。简单来说，就是根据用户的历史行为和提取的标签来构建用户的兴趣和偏好。例如，一个频繁观看并倾向于选择科幻题材电影的用户，可以用"科幻"这一标签来构建该用户的兴趣模型。

（3）推荐生成机制：根据已构建的用户兴趣模型，系统会计算用户兴趣与候选物品特征之间的相似度评分。基于这些相似度评分，系统会筛选并推荐给用户那些最符合其个人兴趣的物品。在这一计算过程中，常常采用余弦相似度、欧几里得距离等公认的相似度度量方法，以确保推荐结果的精准性和有效性。

（4）反馈调整机制：推荐系统通过敏锐捕捉和分析用户反馈（如点击行为、观看记录、评分评价等多维度信息），能够动态地调整并优化用户兴趣模型，从而不断提高推荐算法的精准度，确保每一次推荐都能更好地满足用户的实际需求与偏好。

基于内容的推荐方法的核心优势，在于其显著的独立性——它无须依赖其他用户的行为数据，这使得它在解决冷启动问题时具有一定的效果。然而，正如任何技术都有局限性一样，基于内容的推荐方法倾向于推荐与用户历史行为内容特征高度相似的物品，这可能导致推荐结果单一化，缺乏必要的多样性。为了克服这一不足，业界通常将基于内容的推荐方法与协同过滤等其他先进推荐技术有机融合，构建混合推荐系统。这种融合策略不仅能充分发挥各种方法的优势，还能有效弥补彼此的不足，从而显著提升推荐的整体效果和用户体验。

2.3　基于深度学习的混合推荐方法

近年来，随着深度学习成为大规模数据和人工智能领域的研究热点，一种基于深度学习的新型混合推荐方法引起了广泛关注。其核心在于，深度学习能够通过结合低级特征形成更密集的高级语义抽象，即自动从数据中提取特征。因此，将深度学习应用于推荐系统中的数据处理已成为当前推荐技术和未来研究的热点。例如，Yin 等人[55] 提出了一种空间感知的分层协作深度学习模型（SH-CDL），该模型利用深度学习方法从个人兴趣点中提取用户偏好，并通过协同过滤分析用户偏好之间的内部关系，从而完成推荐。这种方法在一定程度上缓解了冷启动问题。Zheng 等人[57] 则采用了两个并行神经网络来学习用户和项目的隐藏特征，并结合基于内容的推荐方法融合特征进行推荐，提出了基于深度协作神经网络（DeepCoNN）的方法，克服了传统推荐方法中过度依赖人工提取特征的局限性。

此外，合理利用文本信息的上下文和核心内容可以显著提高机器学习模型特征提取的准确性。新兴的注意力机制现已广泛应用于扩展神经网络，尤其是在卷积神经网络（CNN）和循环神经网络（RNN）中，旨在从推荐系统生成的高维稀疏矩阵中提取用户对各种模式的潜在知识，如用户的偏好和社区倾向。Li 等人[60]提出了全局-局部注意力（GLA）模型，该模型首先利用基于注意力机制的 CNN 分析图像中包含的对象，再通过基于注意力机制的 RNN 模型构建这些对象与文本特征之间的关系，从而生成准确的图像描述。Wang 等人[61] 提出了跨多个深度神经网络的元注意力模型，用于自动推荐热门文章。

尽管在实际应用场景中仍然存在诸多问题，许多先进的方法已相继涌现，目前主流的两种混合推荐方法是 Wide Deep 和 DeepFM。

2.3.1　Wide Deep 混合推荐方法

Wide Deep 模型[87] 是 Google 在 2016 年提出的一种用于推荐系统的机器学习模型。该模型结合了线性模型（Wide 模型）和深度神经网络（Deep 模型）的优点，旨在同时实现模型的记忆（Memorization）和泛化（Generalization）能力。图 2.8 展示了 Wide Deep 混合推荐方法的架构图[87]。

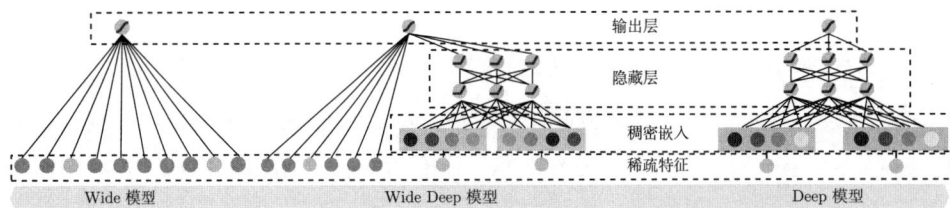

图 2.8　Wide Deep 混合推荐方法的架构图[87]

Wide 模型是一个广义线性模型，类似于逻辑回归，通过大量的特征交叉来记忆特征之间的交互关系，具有较好的解释性和记忆能力。Wide 模型能够快速处理并记忆大量历史行为特征，其中特征包括两部分：原始特征数据和经过特征转换后的特征。Wide 模型的公式可以表示为：

$$y = W^{\mathrm{T}}[X, \theta(X)] + b \tag{2.9}$$

其中，X 是输入的特征向量；W 和 b 分别是模型的权重参数和偏置项；$\theta(X)$ 是特征转换函数，用于对原始特征进行转换，生成新的特征组合。一种常见的特征转换方式是交叉组合，它可以表示为：

$$\theta_k(X) = \prod_{i=1}^{d} x_i^{c_{ki}}, \quad c_{ki} \in \{0, 1\} \tag{2.10}$$

其中，d 是原始特征的数量；x_i 表示第 i 个原始特征；c_{ki} 是一个布尔值（0 或 1），表示第 i 个特征是否包含在第 k 种特征交叉中。如果 $c_{ki} = 1$，则 x_i 被包含在交叉中；如果 $c_{ki} = 0$，则被排除。特征交叉是通过取原始特征的乘积来实现的，这意味着只有当所有被选中的特征 $(c_{ki} = 1)$ 的值都为真（或满足某个条件）时，交叉特征的结果才为 1。否则，结果为 0。

Deep 模型是一个前馈神经网络，其结构包括输入层、隐藏层和输出层，其中隐藏层可以包含嵌入层（Embedding 层）和全连接层。Deep 模型通过将输入特征转换为低维稠密的嵌入向量，并通过神经网络训练学习这些嵌入向量，从而能够挖掘特征之间的潜在关系并处理稀疏特征，具有较好的泛化能力。Deep 模型的公式可以表示为：

$$z_i^l = \sigma \left(\sum_{j=1}^{n^{l-1}} W X_j^{l-1} + b \right) \tag{2.11}$$

其中，z_i^l 是第 l 层神经元 i 的输出，σ 是激活函数，W 和 b 分别是模型的权重参数和偏置项，X_j^{l-1} 是第 $l-1$ 层神经元 j 的输出。

Wide Deep 模型将 Wide 模型和 Deep 模型通过加权融合策略整合在一起，并采用联合训练机制。这一架构设计确保了两部分共享相同的输入特征，并实现了模型参数的同步更新。得益于这种创新的结构，该模型成功融合了线性模型的记忆优势和深度模型的泛化能力，从而在推荐系统领域取得了卓越的性能表现。

2.3.2　DeepFM 混合推荐方法

深度因子分解机[54]（DeepFM）是一种融合了因子分解机（FM）与深度学习技术的推荐系统方法，源自哈尔滨工业大学与华为实验室的联合研究。DeepFM由因子分解机（Factorization Machines，FM）和深度神经网络（Deep Neural Networks，DNN）两大核心组件构成。其核心思想是结合深度学习强大的非线性表示能力与 FM 模型的线性表示优势，从而提升推荐系统在处理大规模稀疏数据时的性能与准确性。如图 2.9 所示为 DeepFM 混合推荐方法的架构图[54]。

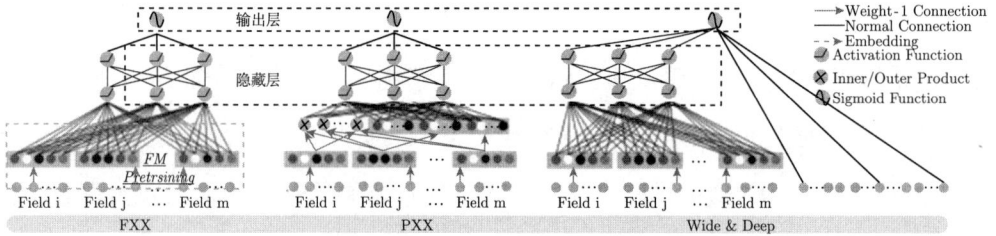

图 2.9　DeepFM 混合推荐方法的架构图[54]

DeepFM 模型与 Wide Deep 模型相似。FM 模型是一种强大的机器学习模型，通过分解特征矩阵来捕捉特征之间的二阶交互作用，能够有效处理高维稀疏数据，并捕捉特征之间的交互关系。其数学公式可表示为：

$$y(x) = w_0 + \sum_{i=1}^{n} w_i x_i + \sum_{i=1}^{n} \sum_{j=i+1}^{n} x_i x_j \langle \boldsymbol{v}_i, \boldsymbol{v}_j \rangle \tag{2.12}$$

其中，$y(x)$ 是预测的目标值，w_0 是全局偏置项，w_i 是第 i 个特征的权重，x_i 是第 i 个特征的值，$\boldsymbol{v}_i$ 是第 i 个特征对应的隐藏特征向量，$\langle \boldsymbol{v}_i, \boldsymbol{v}_j \rangle$ 表示 $\boldsymbol{v}_i$ 和 $\boldsymbol{v}_j$ 的点积，用于计算特征 i 和特征 j 之间的交互作用。

DeepFM 混合推荐系统融合了因子分解机（FM）和深度神经网络（DNN）两大核心模块。FM 专注于特征间的交叉组合，精准捕捉数据中的隐式关联；DNN则凭借其强大的学习能力，深入挖掘高阶非线性特征组合，进一步丰富了模型的表达能力。它们协同互补，共同促进了模型泛化能力的提升和预测精度的增强。在处理高维稀疏特征数据时，DeepFM 模型具有较高的性能，不仅显著提高了预测的准确度，还大幅优化了计算效率。

2.3.3 基于强化学习的推荐方法

基于强化学习的推荐系统（RLRS）[88] 是一种将推荐系统视为一个连续决策过程的解决方案，它使用强化学习（RL）方法来优化推荐系统。与传统的协同过滤推荐方法和基于内容的推荐方法相比，RLRS 能够处理用户与系统之间的互动顺序和动态变化，并关注用户的长期参与度。

简单来说，强化学习包括两个主要角色：智能体和环境。智能体就像做决策的"大脑"，它会观察环境的状态，并选择一个动作来执行。当智能体执行一个动作后，环境会告知智能体该动作的好坏，通常通过给定一个分数（奖励）来表示。智能体的目标是尽可能从环境中获得更多的奖励。

强化学习的核心包括六个要素。

（1）智能体（Agent）：强化学习的核心。它负责观察环境的状态，并做出决策。

（2）环境（Environment）：智能体所处的世界。它会根据智能体的动作给出反馈，包括下一个状态和奖励。

（3）行动（Action）：智能体在特定状态下可以做的事情。它是智能体的决策。

（4）奖励（Reward）：智能体执行动作后，环境给出的反馈。它用来评价动作的好坏。

（5）状态（State）：描述了智能体在环境中的位置或情况，是环境在某一时刻的具体描述。

（6）目标（Objective）：智能体通过学习一系列动作来获得尽可能多的奖励。这通常意味着找到一个最佳策略，指导智能体在不同状态下应采取的动作。

如图 2.10 所示，强化学习的具体过程是：智能体在不断变化的环境中执行动作，每次执行后，环境会给予反馈（奖励）。智能体根据这些反馈进行学习，并调整自己的策略。随着时间的推移，智能体不断更新自身的状态，并在行动、获得奖励、更新状态的循环中反复进行，直到实现预定目标。

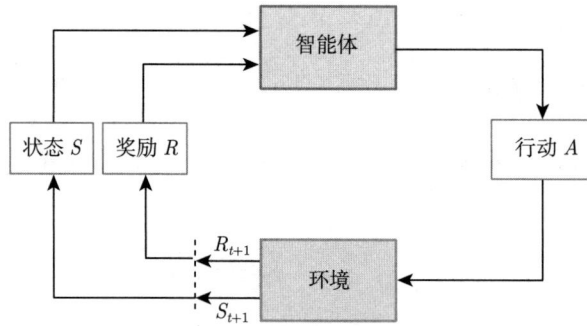

图 2.10   强化学习的过程

强化学习的优点在于能够应对复杂和动态的环境。通过智能体与环境的互动，它能够学习到最佳策略，从而实现长期目标的最大化。强化学习还可以处理复杂的状态空间和稀疏奖励问题，甚至在没有明确模型的情况下也能做出决策和学习。简而言之，强化学习使推荐系统能够更加智能地理解和预测用户需求，从而提供更精准的推荐。

2.4   推荐方法评价标准

推荐场景的差异导致性能优化的侧重点有所不同，因此在推荐方法评测过程中，需要根据不同模型的特点选择合适的评价指标。

用户对项目的评分属于数值型数据，适用的评价指标包括平均绝对误差（Mean Absolute Error，MAE）和均方根误差（Root Mean Squared Error，RMSE）[57,89]。这两种指标均用于衡量预测值与真实值之间的偏差，且衡量标准是数值越小，评分预测的准确性越高。

$$\text{MAE} = \frac{1}{N} \sum_i |y_i - \widehat{y_i}| \tag{2.13}$$

$$\text{RMSE} = \sqrt{\frac{1}{N} \sum_i (y_i - \widehat{y_i})^2} \tag{2.14}$$

其中，i 表示项目序号，N 表示测试集评分的总记录数，y_i 表示项目 i 的真实评分值，$\widehat{y_i}$ 表示预测评分值。

在返回推荐列表的场景中，可以选择平均倒数排名（Mean Reciprocal Rank，MRR）、平均精准率（Mean Average Precision，MAP）和交并比（Intersection-over-Union，IoU）作为评测指标[90~92]。在介绍这些评测指标之前，先假设 TP 表示将正样本识别为正，TN 表示将负样本识别为负，FP 表示将负样本识别为正（误报），FN 表示将正样本识别为负（漏报）。

（1）MRR 是衡量搜索方法的一个评价指标，在本书中用于评估 POI 推荐方法在时序预测中的性能。假设推荐系统给用户推荐了一个项目列表 rank，对于用户喜欢的某个项目，如果它在项目列表 rank 中的序号为 i，则该项目的倒数排名为 $1/\text{rank}_i$；如果项目列表 rank 中未出现该项目，则分数为 0。如果用户喜欢的项目数为 Q 个，则最终模型的得分为平均倒数排名，计算公式如下：

$$\text{MRR} = \frac{1}{Q} \sum_{i=1}^{Q} \frac{1}{\text{rank}_i} \tag{2.15}$$

其中，rank_i 表示项目列表 rank 中第 i 个项目的序号。MRR 的值越高，表示模型的性能越好。

（2）MAP 主要用于评估信息检索领域的排序性能，是推荐领域中召回阶段最常用的排序指标，可以理解为一个关注序列特征的召回率。已知准确率 $P = \text{TP}/(\text{FP}+\text{TP})$，召回率 $R = \text{TP}/(\text{FN}+\text{TP})$，则 MAP@$K$ 的计算过程如下所示：

$$\text{AP@}K = \frac{1}{\text{GTP}} \sum_{k}^{K} P@k \times R@k \tag{2.16}$$

$$\text{MAP@}K = \frac{1}{|U|} \sum_{u=1}^{|U|} \text{AP@}K \tag{2.17}$$

其中，GTP 为真实数据中正样本的总数；$P@k$ 和 $R@k$ 分别表示 top-K 项目列表的准确率和召回率，用于评估查全率；K 表示感兴趣的所有项目数量；U 是用户集合。MAP@K 的值越高，表示模型的性能越好。

（3）交并比（IoU）是常用的多目标识别评测指标，可直观评价推荐的综合性能。根据相关文献可知，IoU=TP/(FP+TP+TN)，则 IoU@K 的计算过程如下所示：

$$\text{IoU}@K = \frac{1}{\text{GTP}} \sum_{k}^{K} \text{IoU}@k \tag{2.18}$$

其中，GTP 表示真实数据中正样本的总数；IoU@k 表示 top-K 项目列表的交并比，用于评估查全率。IoU@K 的值越高，表示模型的综合性能越好。

深度强化学习的应用场景是用户与推荐系统之间不断交互所形成的实时反馈环境。在该环境中，用户会对推荐系统所推荐的项目列表做出反馈，这些反馈包括用户对项目的喜好或厌恶程度。由于商业成本等原因，深度强化学习模型难以直接在生产环境中进行训练，通常会开发相应的模拟环境进行训练。在本书中，用户模拟器作为实时反馈的仿真环境。为了有效地训练和评测基于深度强化学习的推荐方法，本书对仿真环境（用户模拟器）的反馈值范围进行了限定。具体来说，用户（或仿真环境）对项目的反馈被定义为回报率（Review），其取值范围为 $[0,1]$，其值越接近 1 表示性能越好。本书使用回报率来对基于深度强化学习的推荐方法进行评测。

整体而言，不同推荐场景的推荐任务存在差异，其中主流的推荐任务主要包括评分预测、Top-K 项目列表预测和点击预测等。如表 2.2 所示，第 3 章提出的 ACNN-FM 方法的推荐任务是评分预测，因此该方法适合使用评估数值差异的 RMSE 和 MAE 指标；第 4 章提出的 HAM-POIRec 方法的推荐任务是为用户推荐 Top-K 个项目，且 POI 推荐中注重推荐列表的序列性，因此适用于侧重项目列表准确性和时序性的 MRR、MAP 和 IoU 指标；虽然第 5 章提出的 HEDRL-Rec 方法的推荐任务也是预测 Top-K 个项目，但由于缺乏可用的人工标注数据，可以使用用户（环境）对推荐系统的反馈信息（回报率）作为评价指标。

表 2.2　各个评价指标的使用情况

	评价指标					
	RMSE	MAE	MRR	MAP	IoU	回报率
第 3 章	✓	✓				
第 4 章			✓	✓	✓	
第 5 章						✓

2.5　本 章 小 结

　　本章简要介绍了与后续章节相关的推荐模型、深度学习方法和强化学习的一些基本概念、定义、数学描述和评价标准，这些知识源自相关的文献，是后续章节必要的基础理论支撑。

第 3 章 基于"字符-短语"注意力机制和因子分解机的混合推荐方法

近年来，研究人员在购物、教育和娱乐等平台中使用推荐算法解决信息过载的问题。推荐系统根据用户需求、兴趣等，通过推荐方法从大数据中挖掘出用户感兴趣的项目（如商品、知识、电影和音乐等），并将结果以个性化列表的形式推荐给用户。在传统推荐方法中，基于协同过滤的推荐方法依据"相同的用户具有相同的兴趣"的原理，可以快速应用，但由于用户-项目矩阵的维度可能达到数千万甚至数亿，导致了严重的数据稀疏问题（一个用户评价过的项目数量仅占总项目数量的极小部分），从而使基于协同过滤的推荐方法性能急速下降[11]。同时，数据稀疏也使协同过滤难以计算用户与项目之间的关联，进而引发了系统冷启动问题。

基于内容的推荐方法主要利用用户选择的项目属性来寻找其他具有类似属性的项目，能够在一定程度上解决冷启动问题。然而，目前普遍采用的提取方式为人工提取，无法适应大数据环境的需求[13]。此外，传统的混合推荐方法只是将上述两种方法进行整合，依然无法解决数据稀疏、系统冷启动和过度依赖人工提取特征的问题[15]。

在推荐领域的最新研究中，研究者主要设计了深度学习与传统推荐算法融合的混合推荐方法以解决上述问题。其中，传统的注意力机制是改进基于深度学习的混合推荐方法的有效策略，但它主要关注单一特征的辅助信息和重要程度。为了克服这些局限，本书提出了一种基于"字符-短语"注意力机制和因子分解机的混合推荐（Attention-based Convolutional Neural Network and Factorization Machines，ACNN-FM）方法。该方法包含两大核心研究点：首先，从局部到整体的角度，提出了字符级注意力机制和短语级注意力机制，增加了卷积神经网络在文本处理过程中对历史词汇（短语）重要性和顺序的记忆；其次，构建了一种并列模型，能够同时从自然语言形式的评论中提取出用户和项目的隐藏表达特征，并通过因子分解机建立它们之间的关联关系，从而完成推荐任务。

（1）提出了一种基于自然语言处理的"字符-短语"注意力机制（包括字符级注意力机制和短语级注意力机制）。该机制从局部到整体两个不同的角度对卷积神经网络（CNN）进行了拓展，充分考虑了评论文本中核心词汇和重要短语对目标特征的影响。该机制有效解决了卷积神经网络在自然语言处理中的记忆丢失问题，并通过从局部到整体的结构设计进一步提升了非结构化数据的利用率，从而能够有效挖掘用户和项目的更多辅助信息。

（2）提出了一种融合"字符-短语"注意力机制的卷积神经网络模型和因子分解机的混合推荐方法。该方法首先自动提取用户和项目的核心隐藏表达特征；其次利用评分作为监督数据挖掘出隐藏特征之间的关系；最后利用这些有效的辅助关系信息建立用户与项目之间的关联，完成高精度推荐。该方法缓解了传统推荐模型存在的数据稀疏、冷启动难、特征提取依赖人工、可解释性差和适用性差等问题，实质性地提升了推荐的效率和精确度。

（3）本章在四个不同领域的数据集中进行了实验和性能评估，并细分出冷启动和长尾项目的评测实验，以验证该方法的有效性。在性能评估过程中，针对推荐系统普遍存在的冷启动问题，设计了普通冷启动和新用户冷启动两种不同的评测场景。实验结果表明，所提 ACNN-FM 方法的综合推荐性能优于基于神经注意力机制的评分预测方法（Neural Attentional Rating Regression，NARR）[93] 等同类方法。

3.1　内容推荐问题的形式化描述

在如图 3.1 所示的亚马逊平台购物场景中，用户对项目的评价信息不仅包括评分等结构化数据，还包括评论文本等非结构化数据。显然，单纯依靠评分作为训练数据的推荐方法已经难以进一步提升推荐精度，而有效利用非结构化文本数据则是解决数据稀疏问题的有效策略之一。因此，本节探讨如何有效利用评论文本来提升推荐精度。

　　具体来说，在亚马逊平台的评价场景中，有几个核心问题需要解决：首先是如何从评论文本中提取用户的隐藏特征（如步骤②和④所示）和项目的隐藏特征（如步骤①和③所示）；其次是如何通过用户和项目的隐藏特征构建二者之间的关联关系，并最终完成推荐（如步骤⑤和⑥所示）。

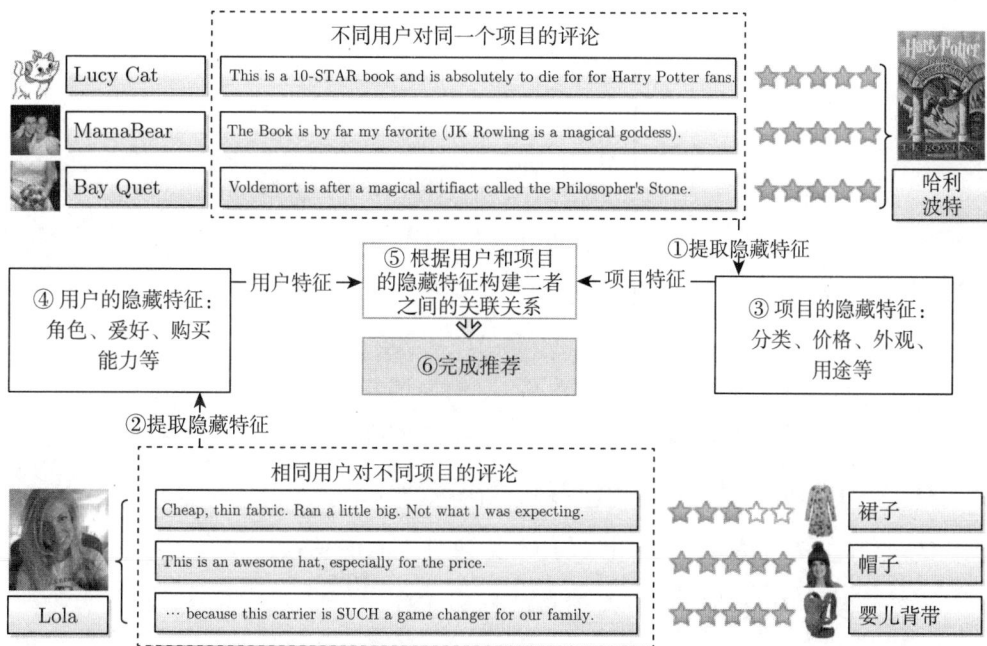

图 3.1　亚马逊平台中用户对项目的评价场景

　　针对上述待解决的具体问题，本节定义了以下相关数据结构和问题描述。

定义 1：用户对项目的评价用四元组 $P = (u, m, c_k^q, y_k^q)$ 来表示。其中：

u 为 u 类用户；

m 为 m 类项目；

c_k^q 表示 u 类用户中第 q 个用户对 m 类项目中第 k 个项目的评论。一个用户（如 u 类用户中的第 q 个用户）对多个项目的评论可以用集合 c^q 表示，且

$c^q = \{c_1^q, c_2^q, \cdots, c_k^q, \cdots, c_K^q\}$，其中 K 为单个用户评论的最大项目数量；

一个项目（如 m 类项目中第 k 个项目）得到的所有用户的评论可用 c_k 表示，且 $c_k = \{c_k^1, c_k^2, \cdots, c_k^q, \cdots, c_k^Q\}$，其中 Q 为单个项目被评论的最大用户数量；

y_k^q 表示 u 类用户中第 q 个用户对 m 类项目中第 k 个项目的评分。

问题描述：如何根据用户的隐藏特征和项目的隐藏特征构建用户和项目之间的关联关系，并预测出 u 类用户对 m 类项目的评分？该问题的形式化表示为：

$$
\begin{aligned}
&\text{输入}: c^q, c_k \\
&\text{输出}: \widehat{y} \\
&\text{约束条件}:
\begin{cases}
\boldsymbol{H}_u \leftarrow c^q \\
\boldsymbol{H}_m \leftarrow c_k \\
R := \arg\max \text{Relation}(\boldsymbol{H}_u, \boldsymbol{H}_m) \\
\widehat{y} = f(R) \\
\alpha := \arg\min \frac{1}{2}(y - \widehat{y})^2
\end{cases}
\end{aligned}
\tag{3.1}
$$

其中：

$\boldsymbol{H}_u$ 表示 u 类用户从评论集合 c^q 中学习到的隐藏特征；

$\boldsymbol{H}_m$ 表示 m 类项目从 c_k 中学习到的隐藏特征；

$R = (\boldsymbol{H}_u, \boldsymbol{H}_m)$ 表示 u 类用户与 m 类项目之间的关联；

$\widehat{y}$ 表示根据 R 完成时用户对项目的预测评分。

总体而言，本章对利用非结构化文本数据完成推荐过程中涉及的问题和定义进行了描述。此外，如表 3.1 所示，本章进一步对求解该问题所涉及的符号进行了定义和说明。

表 3.1　内容推荐问题所涉及的符号及说明

符号	说明
$\boldsymbol{v}_{ij}^u$	u 类用户的评论中第 i 个句子第 j 个单词对应的词向量
$\boldsymbol{v}_{m,i'j'}$	m 类项目评论中第 i' 个句子第 j' 个单词对应的词向量
$\boldsymbol{F}_{I,r}$	用户 $(I = 0)$ 或者项目 $(I = 1)$ 的表达特征向量
$\boldsymbol{F}_{I,a}$	用户 $(I = 0)$ 或者项目 $(I = 1)$ 的注意力特征向量

续表

符号	说明
$F_{I,nr}$	用户 ($I = 0$) 或者项目 ($I = 1$) 带注意力的新表达特征向量
b_j	第 j 个卷积核的偏置变量
x_j	卷积层中的第 j 个卷积核
c_j	卷积层中的第 j 个特征映射
g	CNN 模型中全连接层的偏置变量
o_j	卷积层中第 j 个神经元输出的特征值
H_u	用户的隐藏特征
H_m	项目的隐藏特征
∂	CNN 模型的学习率
l	数据集的数据长度
s	训练集当中每一批次的数量
$\widehat{y}$	某个用户对某个项目的评分预测值

3.2 系 统 模 型

为了解决式 (3.1) 所定义的问题, 本章提出了一种基于"字符-短语"注意力机制和因子分解机的混合推荐方法（ACNN-FM 方法), 该方法从评论中提取用户和项目的隐藏特征, 并且根据所提取的隐藏特征完成推荐。如图 3.2 所示, ACNN-FM 方法的总体框架主要包括以下几个子模型。

- **基于字符级注意力机制的卷积神经网络模型**: 本章所提出的基于字符级注意力机制的卷积神经网络模型, 能够根据单词在句子当中的重要性和顺序增强用户评论与项目评论之间的关联度, 从而改进卷积神经网络模型在自然语言处理领域中缺乏记忆能力的缺陷。

- **基于短语级注意力机制的卷积神经网络模型**: 在提出基于字符级注意力机制的卷积神经网络模型后, 本章进一步提出了基于短语级注意力机制的卷积神经网络模型, 考虑了短语在句子中的重要性, 使卷积神经网络提取的特征更具代表性。

- **基于双列卷积神经网络和因子分解机的评分预测模型**: 该模型主要利用双

列卷积神经网络,同时提取用户和项目的隐藏特征,并结合因子分解机来构建用户与项目之间的关联,从而完成评分预测与推荐任务。

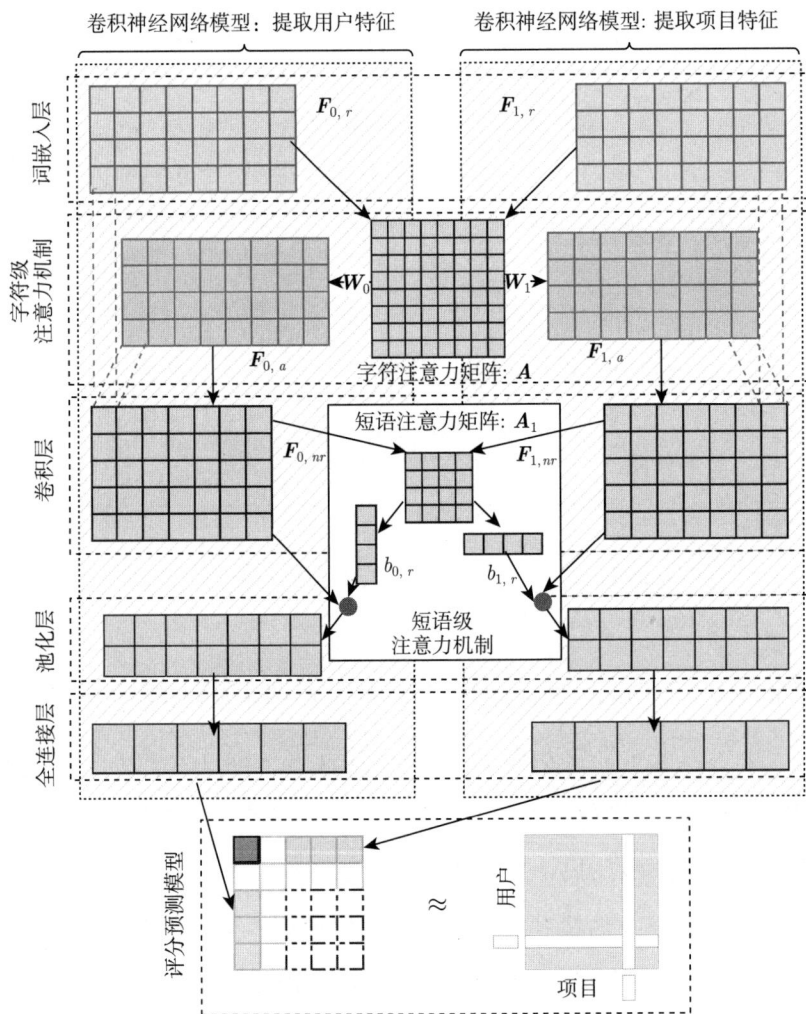

图 3.2　ACNN-FM 方法的总体架构

3.2.1　基于字符级注意力机制的卷积神经网络模型

深度学习方法只能处理数值型数据,无法直接处理自然语言等文本形式的数据。因此,本章改进了词嵌入模型,以便将非结构化的文本数据数值化。词嵌入包括规格化和数值化两个步骤,即首先对自然语言进行分词、去除停用词和无用词等规格化操作,然后使用多维分布向量对评论信息进行数值化操作。

首先，已知 c_k^q 为 u 类用户中第 q 个用户对 m 类项目中第 k 个项目的评论，假设 $s_{k,i}^q$ 表示 c_k^q 中的第 i 个句子，则有：

$$c_k^q = \{s_{k,1}^q, s_{k,2}^q, \ldots, s_{k,i}^q, \ldots, s_{k,n}^q\}$$

再设句子 $s_{k,i}^q = \{w_{i1}, w_{i2}, \ldots, w_{ij}, \ldots, w_{in}\}$，其中 w_{ij} 表示 $s_{k,i}^q$ 中的第 j 个单词，n 为每个句子的单词数。为了建立单词与数值的对应关系，我们定义映射函数 $\phi(w_{ij}): w_{ij} \rightarrow Z$，其中 $Z \in N^+$，表示从单词 w_{ij} 到数值 Z 的映射关系。

在此基础上，我们构建出 u 类用户评论的多维分布向量 $\boldsymbol{V}^u$：

$$\boldsymbol{V}^u = \begin{bmatrix} \phi(w_{11}) & \phi(w_{12}) & \ldots & \phi(w_{1j}) & \ldots & \phi(w_{1n}) \\ \phi(w_{21}) & \phi(w_{22}) & \ldots & \phi(w_{2j}) & \ldots & \phi(w_{2n}) \\ & & \ldots & & & \\ \phi(w_{i1}) & \phi(w_{i2}) & \ldots & \phi(w_{ij}) & \ldots & \phi(w_{in}) \\ & & \ldots & & & \\ \phi(w_{q1}) & \phi(w_{q2}) & \ldots & \phi(w_{qj}) & \ldots & \phi(w_{qn}) \end{bmatrix} \tag{3.2}$$

其中，$V_{ij}^u = \phi(w_{ij})$，$V_{ij}^u \in \boldsymbol{V}^u$ 表示词嵌入模型对 c^q 中单词 w_{ij} 进行处理后的数值化结果，q' 表示 u 类用户所有评论的句子数量。

同理，我们也可以构建出 m 类项目中评论 c_k 的多维分布向量 $\boldsymbol{V}_m$，并得到 $\boldsymbol{V}_{m,i'j'} \in \boldsymbol{V}_m$ 表示词嵌入模型对 c_k 评论中单词 $w_{i'j'}$ 进行处理之后的数值化结果。

其次，假设在词嵌入模型的训练过程中，某个批次数据的表达特征向量为 $\boldsymbol{F}_{I,r} \in R^{d \times n}$，其中，$I \in \{0, 1\}$，当 $I = 0$ 时表示用户的表达特征向量，$I = 1$ 时表示项目的表达特征向量，n 为前面已定义的句子长度，d 为每个训练批次的数据维度。

如果用户评论的句子数量 q' 大于批次大小 d，则需要划分为多个批次；如果 q' 小于批次大小 d，则需要在数据后填充 $d - q'$ 行值为零的额外数据。具体地，用户的表达特征向量 $\boldsymbol{F}_{0,r}$ 可以表示为：

$$\boldsymbol{F}_{0,r} = \begin{cases} \left(\boldsymbol{V}_{1:}^u \ \ \boldsymbol{V}_{2:}^u \ \ \ldots \ \ \boldsymbol{V}_{i:}^u \ \ \ldots \ \ \boldsymbol{V}_{q':}^u\right)^{\mathrm{T}}, q' \geqslant d, \\ \left(\boldsymbol{V}_{1:}^u \ \ \boldsymbol{V}_{2:}^u \ \ \ldots \ \ \boldsymbol{V}_{i:}^u \ \ \ldots \ \ \boldsymbol{V}_{q':}^u \ \ \ldots \ \ 0\right)^{\mathrm{T}}, q' < d \end{cases} \tag{3.3}$$

同理，项目的表达特征向量 $F_{1,r}$ 表示为：

$$F_{1,r} = \begin{cases} (V_{m,1:} \quad V_{m,2:} \quad ... \quad V_{m,i':} \quad ... \quad V_{m,q':})^{\mathrm{T}}, q' \geqslant d, \\ (V_{m,1:} \quad V_{m,2:} \quad ... \quad V_{m,i':} \quad ... \quad V_{m,q':} \quad ... \quad 0)^{\mathrm{T}}, q' < d \end{cases} \tag{3.4}$$

至此，经过上述处理，本章构建了使用多维分布向量数值化评论信息的词嵌入模型，最终得到用户的表达特征向量 $F_{0,r}$ 和项目的表达特征向量 $F_{1,r}$。

卷积神经网络模型在处理图像和音频等静态数据时表现出色，具备有效的特征提取能力。然而，在自然语言的处理中，模型存在一些局限性，特别是缺乏对历史词汇的记忆能力。这导致模型可能会忽略历史词汇的重要性和词汇的位置信息，从而影响特征提取的精度。为了解决这一问题，本章提出了一种字符级注意力机制，用以扩展卷积神经网络模型的能力。该机制通过考虑词汇在句子中的重要性，增强了模型对历史词汇的记忆能力，并在训练数据中增加了用户和项目评论信息之间的影响程度，从而提升了卷积神经网络模型的性能。

此外，与传统的深度学习模型相比，该机制能够给出每个词对目标特征的贡献，提供了一定程度的可解释性。具体来说，本章提出的注意力机制在已定义的用户表达特征向量 $F_{0,r}$ 和项目表达特征向量 $F_{1,r}$，假设注意力矩阵 $A \in R^{n \times n}$ 表示集合 c^q 中的句子与集合 c_k 中的句子之间单词的相互影响程度。

如图 3.3 所示，某一次迭代训练过程中，注意力机制的运算细节清晰地展示了这一过程。从中可看出，本章提出的字符级注意力机制包括以下三个阶段。

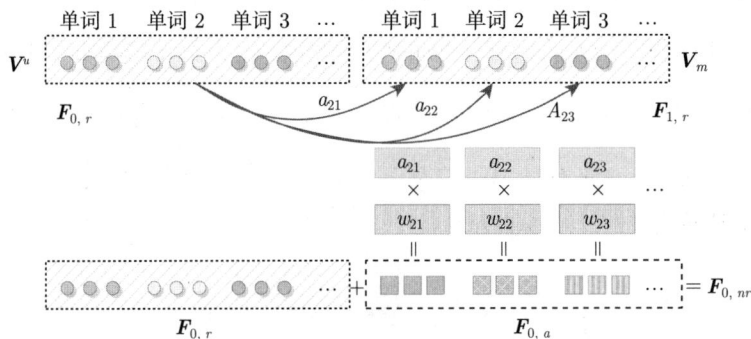

图 3.3   注意力机制原理

阶段一：本章采用欧几里得距离公式来计算矩阵 $\boldsymbol{A}$。对任一元素 $a_{ii'} \in \boldsymbol{A}$，其定如下：

$$a_{ii'} = \left\| \boldsymbol{V}_{i:}^{u} - \boldsymbol{V}_{m,i':} \right\|_{2}^{2} \tag{3.5}$$

其中，$\|\cdot\|_{2}^{2}$ 表示欧几里得范式。

阶段二：假设用户的注意力特征向量为 $\boldsymbol{F}_{0,a} \in R^{d \times n}$，项目的注意力特征向量为 $\boldsymbol{F}_{1,a} \in R^{d \times n}$，这两个向量均表示从评论信息中挖掘到的带特征注意力权重的用户与项目之间的关联关系。为构建该关联关系，本章利用机器学习相关理论中的权重矩阵。具体步骤如下：

首先，假设用户的注意力权重为 $\boldsymbol{W}_{0} \in R^{d \times n}$ 和项目的注意力权重为 $\boldsymbol{W}_{1} \in R^{d \times n}$。在训练初期，随机初始化 $\boldsymbol{W}_{0}$ 和 $\boldsymbol{W}_{1}$。随后，在每次迭代训练过程中，模型会根据预测结果与实际结果的误差反向微调 $\boldsymbol{W}_{0}$ 和 $\boldsymbol{W}_{1}$，经过多次迭代，得到最优的权重矩阵。该最优的权重矩阵与注意力矩阵 $\boldsymbol{A}$ 可以快速构建出最优的 $\boldsymbol{F}_{0,a}$ 和 $\boldsymbol{F}_{1,a}$，计算过程如下所示：

$$(\boldsymbol{F}_{I,a})_{d \times n} = (\boldsymbol{W}_{I})_{d \times n} \cdot (\boldsymbol{A})_{d \times d}, I \in \{0,1\} \tag{3.6}$$

阶段三：构造融合了用户与项目之间相互影响度的新表达特征向量。已知用户的表达特征向量 $\boldsymbol{F}_{0,r}$（或者项目的表达特征向量 $\boldsymbol{F}_{1,r}$）与用户的注意力特征向量 $\boldsymbol{F}_{0,a}$（或者项目的注意力特征向量 $\boldsymbol{F}_{1,a}$）的维度均为 $d \times n$。通过向量拼接方式，可以得到带字符注意力的用户表达特征向量 $\boldsymbol{F}_{0,nr}$ 和带字符注意力的项目表达特征向量 $\boldsymbol{F}_{1,nr}$：

$$\boldsymbol{F}_{I,nr} = \mathrm{concat}\left(\boldsymbol{F}_{I,r}, \boldsymbol{F}_{I,a}\right), I \in \{0,1\} \tag{3.7}$$

总体而言，本章构建的字符级注意力机制主要包括两个核心策略：

一是先利用评论信息构建用户与项目的相互影响力，即注意力特征向量 $\boldsymbol{F}_{0,a}$ 和 $\boldsymbol{F}_{1,a}$；

二是构建带字符注意力（用户与项目相互影响力）的用户表达特征向量 $\boldsymbol{F}_{0,nr}$ 和项目表达特征向量 $\boldsymbol{F}_{1,nr}$。

为了进一步获得用户和项目的高维表达特征，本章提出了基于字符级注意力的卷积神经网络模型，用于对带字符注意力（用户与项目相互影响力）的用户表达特征向量 $F_{0,nr}$ 和项目表达特征向量 $F_{1,nr}$ 进行高维特征提取。

首先，在卷积层中，本章使用固定步长的多个卷积核（$x_j \in R^{d \times n}$）扫描 $F_{0,nr}$，从离散稀疏的一维特征中提取出丰富的特征向量 $C = [c_1, c_2, ..., c_j, ..., c_n]$（$C \in R^n$）。在此过程中，使用 ReLU 激活函数对特征进行聚合，得到核心特征 c_j。

其次，在池化层中，对 C 进行下采样操作，选取局部中具有代表性的特征信息 o_j，并且聚合成总特征集合 O；接着，在全连接层中对总特征集合 O 进行重新组合，得到用户的局部隐藏特征 C_0。

卷积神经网络模型的计算过程通过以下递归方程进行更新：

$$c_j = \text{ReLU}(F_{0,nr} * x_j + b_j) \tag{3.8}$$

$$o_j = \max\{c_1, c_2, \cdots, c_j, \cdots, c_{n-t+1}\} \tag{3.9}$$

$$O = \{o_1, o_2, \cdots, o_j, \cdots, o_{n1}\} \tag{3.10}$$

$$C_0 = f(W \cdot O + g) \tag{3.11}$$

其中，运算符 $*$ 表示卷积操作，$b_j \in R$ 为偏置变量，$f(\cdot)$ 为 ReLU 激活函数。

整体来说，字符级注意力机制能够提取带字符注意力的用户表达特征向量 $F_{0,nr}$，从而通过卷积神经网络模型从 $F_{0,nr}$ 中提取出表达用户的隐藏特征 C_0。同理，基于相同结构的字符级注意力机制，从项目角度提取带有字符注意力的项目表达特征向量 $F_{1,nr}$，并通过相同结构的卷积神经网络模型从 $F_{1,nr}$ 中提取出项目的局部隐藏特征 C_1。

3.2.2　基于短语级注意力机制的卷积神经网络模型

本章认为，提取的隐藏特征对用户和项目的代表性越强，模型的推荐精度就能够得到更好的提升。为了使卷积神经网络模型提取的特征更具代表性，本章考虑从短语级别提取整体特征，以挖掘更多的隐藏特征。因此，提出了短语级别的注意力机制。该机制基于卷积层的输出特征，分析整体用户评论对项目中各个短语的关联关系（或者整体项目评论对用户中各个短语的关联关系），并且以此关系作为权重，形成短语级的隐藏表达特征。推理过程如下：

首先，将用户字符级隐藏特征 C_0 以及项目字符级隐藏特征 C_1 输入到式 (3.5) 中，得到短语注意力矩阵 A_1。已知 A_1 的第 n 行表示用户评论的第 n 个单词对项目评论中各个单词的重要性，第 m 列表示项目评论的第 m 个单词对用户评论中各个单词的重要性。

因此，整句用户评论对项目评论中各个单词的注意力权重 $b_{0,r}$ 和整句项目评论对用户评论中各个单词的注意力权重 $b_{1,r}$ 可通过以下公式计算：

$$b_{0,r} = \sum A_1[r,:] \tag{3.12}$$

$$b_{1,r} = \sum A_1[:,r] \tag{3.13}$$

其中，r 为用户或者项目评论的第 r 个单词。

紧接着，使用 $b_{0,r}$ 和 $b_{1,r}$ 作为权重，影响 C_0 和 C_1，从而得到短语级用户特征向量 C_0' 和短语级项目特征向量 C_1'：

$$C_I'[:,r] = \sum_{r=t:t+w} b_{I,r} C_I[:,r] \, , \, t = 1,\cdots,(n-w+1), I \in \{0,1\} \tag{3.14}$$

其中，w 为卷积的步长，$n-w+1$ 为卷积后得到的特征长度。

最终，将 C_0' 和 C_1' 作为输入，带入卷积神经网络（式 (3.8) 和式 (3.11)）中，形成了基于短语级注意力机制的卷积神经网络模型。该模型与基于字符级注意力机制的卷积神经网络模型结合，形成了一个从局部到整体的特征提取模型，从而得到了更丰富且更具代表性的用户隐藏特征 H_u 和项目隐藏特征 H_m。

3.2.3　基于双列卷积神经网络和因子分解机的评分预测模型

因子分解机（Factorization Machine，FM）模型[94] 是一种由线性回归（Linear Regression，LR）和奇异值分解（Singular Value Decomposition，SVD）扩展而来的通用预测器，通常依赖评分学习来揭示用户与项目之间的关联关系，并预测用户对新项目的喜好。在小规模数据中，因子分解机模型表现出较高的性能。然而，在当前互联网平台的海量项目中，单个用户已评价的项目极度稀疏，且大量长尾项目并未获得评分数据，这些因素严重制约了因子分解机在大数据和数据稀疏环境中的应用。

在本章中，利用并列的基于字符级注意力机制的卷积神经网络模型以及基于短语级注意力机制的卷积神经网络模型，提取得到的高维表达特征 $\boldsymbol{H}_u$ 和 $\boldsymbol{H}_m$ 能够有效地表示用户和项目，从而有效解决了因子分解机模型在数据稀疏情况下的限制。具体而言，通过结合字符级和短语级注意力机制对双列卷积神经网络进行拓展，可以与因子分解机模型结合，形成一种有效的评分预测模型。该模型一方面利用拓展后的双列卷积神经网络提取用户隐藏特征 $\boldsymbol{H}_u$ 与项目隐藏特征 $\boldsymbol{H}_m$，另一方面使用因子分解机模型分析 $\boldsymbol{H}_u$ 和 $\boldsymbol{H}_m$ 之间的关联关系 $\widehat{\boldsymbol{x}}$，并根据 $\widehat{\boldsymbol{x}}$ 预测用户对项目的评分 $\widehat{y}$。具体计算过程如下。

（1）**特征融合**：已知用户特征向量和项目特征向量之间的距离反映了用户与项目之间的相似性，但由于不同模型提取的特征向量的维度不同，可能会影响模型的效果。为了更好地挖掘联合特征向量中的相关特征，从而拟合出更好的训练数据，本章提出了一种前置特征融合方法。该方法为不同结构的数据设计不同的深度学习模型，在通过各模型提取特征后，进行特征融合。

具体来说，如图 3.4 所示，首先将原始数据 c^u 和 c_m 进行向量化，得到 $\boldsymbol{F}_{0,r}$ 和 $\boldsymbol{F}_{1,r}$。然后，通过不同深度学习模型分析特征向量 $\boldsymbol{F}_{0,r}$ 和 $\boldsymbol{F}_{1,r}$，得到用户隐藏特征 $\boldsymbol{H}_u$ 和项目隐藏特征 $\boldsymbol{H}_m$。接着，使用 ReLU 函数将特征归一化到同一个单位量纲。最后，采用特征拼接策略（concat）或者特征并行策略（add）来融合表达特征向量。$\boldsymbol{H}_u$ 和 $\boldsymbol{H}_m$ 拼接或并行组合为特征向量 $\boldsymbol{x}$。

concat 是直接将向量拼接，add 是将多个特征向量组合为一个复向量。

$$\widehat{\boldsymbol{x}} = \begin{cases} \text{concat}\left(\widehat{\boldsymbol{H}}_u, \widehat{\boldsymbol{H}}_m\right) & (3.15) \\ \text{add}\left(\widehat{\boldsymbol{H}}_u, \widehat{\boldsymbol{H}}_m\right) & (3.16) \end{cases}$$

其中，$\widehat{\boldsymbol{H}}_u = \text{ReLu}(\widehat{\boldsymbol{H}}_u) = \max(\widehat{\boldsymbol{H}}_u, 0); \widehat{\boldsymbol{H}}_m = \text{ReLu}(\widehat{\boldsymbol{H}}_m) = \max(0, \widehat{\boldsymbol{H}}_m);$

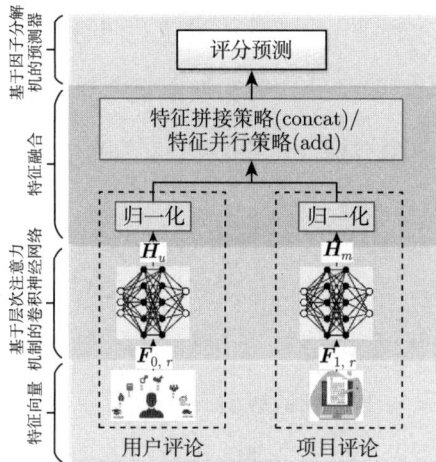

图 3.4　前置特征融合方法

（2）**基于因子分解机的预测器**：在使用非线性模型学习高阶组合特征的同时，需要将计算复杂度控制在可接受的范围内。本章所拓展的因子分解机模型采用二阶组合特征分析方法。其预测公式如下：

$$\widehat{y}(\widehat{\boldsymbol{x}}) = \boldsymbol{w}_0 + \sum_{i=0}^{|\widehat{\boldsymbol{x}}|} \boldsymbol{w}_i \boldsymbol{x}_i + \sum_{i=1}^{|\widehat{\boldsymbol{x}}|-1} \sum_{j=i+1}^{|\widehat{\boldsymbol{x}}|} w_{ij} \widehat{\boldsymbol{x}}_i \widehat{\boldsymbol{x}}_j \tag{3.17}$$

其中，$\boldsymbol{w}_0$ 表示全局偏置，$\boldsymbol{w}_i$ 是 $\widehat{\boldsymbol{x}}_i$ 对应的权重，w_{ij} 是特征 $\widehat{\boldsymbol{x}}_i$ 与 $\widehat{\boldsymbol{x}}_j$ 之间的权重，$|\widehat{\boldsymbol{x}}|$ 表示 $\widehat{\boldsymbol{x}}$ 的长度。

此外，因子分解机模型通过矩阵分解的思想有效解决了真实数据中的稀疏问题（两个特征值同时不为 0 的情况很少）。具体来说，权重矩阵中的值是通过学习得到的两个隐向量的乘积表示，即 $w_{ij} = \langle \boldsymbol{v}_i, \boldsymbol{v}_j \rangle$。

其中，$\boldsymbol{v}_i$ 表示权重矩阵 $\boldsymbol{W}$ 的第 i 维向量，且 $\boldsymbol{v}_i = (v_{i,1}, v_{i,2}, \cdots, v_{i,k})$；$\boldsymbol{v}_j$ 表示权重矩阵 $\boldsymbol{W}$ 的第 j 维向量，且 $\boldsymbol{v}_j = (v_{j,1}, v_{j,2}, \cdots, v_{j,k})$，$k$ 为超参数，所以有：

$$\langle \boldsymbol{v}_i, \boldsymbol{v}_j \rangle = \sum_{f=1}^{k} v_{i,f} \cdot v_{j,f} \tag{3.18}$$

至此，已经构建了 ACNN-FM 方法。为了使 ACNN-FM 方法的预测值 $\widehat{y}$ 与真实值 y 之间的误差最小，需要通过训练来确定模型的最优参数。即模型的参数 $\Theta =$

$(\boldsymbol{w}_0, \boldsymbol{w}_1, \cdots, \boldsymbol{w}_{|\widehat{\boldsymbol{x}}|}, v_{1,1}, v_{1,2}, \cdots, v_{|\widehat{\boldsymbol{x}}|,k})$ 的优化目标为 $\arg\min\limits_{\Theta}\sum\limits_{i=0}^{n} l\left(\widehat{y}\left(\widehat{\boldsymbol{x}}\right), y\right)$。

（3）**模型训练与优化**：为了使模型在训练集之外的数据上也能取得较高的准确率，本章采用零回归策略对模型的参数进行优化。具体优化目标函数如下：

$$\mathrm{OPT}\,(S,\,\lambda) = \arg\min_{\Theta} \left(\sum_{(\widehat{\boldsymbol{x}},y)\in S} l\left(\widehat{y}\left(\widehat{\boldsymbol{x}}\,|\Theta\right),\,y\right) + \sum_{\theta\in\Theta} \lambda_\theta \theta^2 \right) \tag{3.19}$$

其中，λ_θ 表示参数 θ 的正则化系数，S 为训练集。

在优化过程中，本章采用了自适应时刻估计方法来求解式 (3.19) 中的最小化损失函数。此外，为了防止过拟合，训练过程中还采用了 Dropout 策略。经过这一系列的训练与优化，本章从用户的隐藏特征 $\boldsymbol{H}_u$ 和项目的隐藏特征 $\boldsymbol{H}_m$ 中构建了用户与项目之间的关联程度，最终根据关联程度完成用户对项目的评分预测。

3.3 训 练 方 法

本章在 3.2.1 节至 3.2.3 节中提出的 3 个子模型共同构成了 ACNN-FM 方法，训练过程如方法 1 所示。该算法的主要功能是输入用户评论文本 c^q 和项目评论文本 c_k，经过一系列运算后，预测用户对新项目的评分。实现过程主要分为 4 个阶段。

阶段 1：数据预处理。词嵌入将非结构化数据映射为数值型，便于深度学习方法处理和识别自然语言等文本数据。具体来说，使用词嵌入将用户评论 c^q 和项目评论 c_k 转化为用户和项目的表达特征向量 $\boldsymbol{F}_{0,r}$ 和 $\boldsymbol{F}_{1,r}$（第 4~5 行）。

阶段 2：字符级注意力机制。为提升卷积神经网络对历史核心词汇的记忆，提出了字符级注意力机制，从用户评论和项目评论中计算每个词的不同贡献程度。首先，通过计算用户评论与项目评论之间的相似度，得到它们之间的注意力矩阵 $\boldsymbol{A}$（第 6 行）。与可通过网络训练习得的权值 $\boldsymbol{W}_0$ 和 $\boldsymbol{W}_1$ 相乘，得到用户以及项目的注意力特征向量 $\boldsymbol{F}_{0,a}$ 和 $\boldsymbol{F}_{1,a}$（第 7 行）。接下来，融合不同单词影响度，形成新的用户特征向量 $\boldsymbol{F}_{0,nr}$ 和项目特征向量 $\boldsymbol{F}_{1,nr}$。最后，利用拓展后的双列卷积神经网络模型对 $\boldsymbol{F}_{0,nr}$ 和 $\boldsymbol{F}_{1,nr}$ 进行卷积、池化和全连接操作，从中提取用户局

部隐藏特征 C_0 和项目局部隐藏特征 C_1（第 8~9 行）。

方法 1

输入： 用户的所有评论文本 c^q，项目的所有评论文本 c_k；用户对项目的评价元组 $P = (u, m,$ $c_k^q, y_k^q)$；神经网络参数：$\partial, \boldsymbol{w}_i, \boldsymbol{b}_j, l, s, \delta$（即 RMSE 值）；

输出：

1:　初始化：$\partial = 0.0004$，$s = 100$；随机初始化 $\boldsymbol{w}_i$ 和 $\boldsymbol{b}_j$ 参数；

2:　**repeat**

3:　　　**for** each $b \in [1, (l/s)]$ **do**

4:　　　　　对 c^q 和 c_k 进行分词，得到单词数组 $\boldsymbol{w}$；

5:　　　　　$\boldsymbol{F}_{0,r} \leftarrow \boldsymbol{V}_{ij}^u = \phi(w_{ij}), \boldsymbol{F}_{1,r} \leftarrow \boldsymbol{V}_{m,i'j'} = \phi(w_{i'j'})$；

6:　　　　　根据公式 (3.5) 计算字符注意力矩阵 $\boldsymbol{A}$；

7:　　　　　计算字符注意力特征向量：$\boldsymbol{F}_{0,a}, \boldsymbol{F}_{1,a} \leftarrow (\boldsymbol{W}_I)_{d \times n} \cdot (\boldsymbol{A})_{d \times d}, I \in \{0, 1\}$；

8:　　　　　计算字符表达特征向量：$\boldsymbol{F}_{0,nr}, \boldsymbol{F}_{1,nr} \leftarrow \text{concat}(\boldsymbol{F}_{I,r}, \boldsymbol{F}_{I,a}), I \in \{0, 1\}$；

9:　　　　　对 $\boldsymbol{F}_{0,nr}$ 和 $\boldsymbol{F}_{1,nr}$ 进行卷积操作（如式 (3.8)~ 式 (3.11)），得到局部隐藏特征 C_0 和 C_1；

10:　　　　　将 c_j 代入式 (3.5) 之后，计算得到短语注意力矩阵 $\boldsymbol{A}_1$；

11:　　　　　$b_{0,r} = \sum \boldsymbol{A}_1[r, :]$，$b_{1,r} = \sum \boldsymbol{A}_1[:, r]$；

12:　　　　　$C_{I'}[:, r] = \sum\limits_{r=t:t+w} b_{I,r} C_I[:, r], t = 1, \cdots, (n - w + 1), I \in \{0, 1\}$；

13:　　　　　将 C_0' 和 C_1' 置入式 (3.8)~ 式 (3.11)，得到整体隐藏特征 $\boldsymbol{H}_u$ 和 $\boldsymbol{H}_m$；

14:　　　　　对特征进行预处理：$\hat{\boldsymbol{x}} = \max\{0, \text{concat}(\boldsymbol{H}_u, \boldsymbol{H}_m)\}$；

15:　　　　　根据式 (3.18) 计算 $\boldsymbol{H}_u$ 和 $\boldsymbol{H}_m$ 的关联关系 $< \boldsymbol{v}_i, \boldsymbol{v}_j >$；

16:　　　　　将 $\hat{\boldsymbol{x}}$ 和 $w_{ij} = \langle \boldsymbol{v}_i, \boldsymbol{v}_j \rangle$ 代入式 (3.17)，得到用户对项目的预测评分 $\hat{y}$；

17:　　　　　计算均方根误差（RMSE）：$\delta = \sqrt{\dfrac{1}{N} \sum\limits_i (y_i - \hat{y}_i)^2}$；

18:　　　**end for**；

19: **until** δ 的变化率趋于稳定

阶段 3：短语级注意力机制。由于不同短语的贡献存在差异，且短语中不同词的组合蕴含特定意义，因此提出了短语级的注意力机制，用于分析和挖掘这些信息。具体而言，将用户局部隐藏特征 C_0（及项目局部隐藏特征 C_1）输入式 (3.5)，计算得到注意力权重 $\boldsymbol{A}_1$（第 10 行）。根据 $\boldsymbol{A}_1$，计算出用户评论对项目评论中各

个短语的注意力权重 $b_{0,r}$（同理得到 $b_{1,r}$）（第 11 行）。随后；使用 $b_{0,r}$、$b_{1,r}$ 作为权重，影响原来的 C_0 和 C_1，得到最终的用户隐藏特征 H_u 及项目隐藏特征 H_m（第 10~13 行）。

阶段 4：评分预测模型。同时使用并列的相同结构的"字符-短语"注意力机制的卷积神经网络模型，分别提取用户的隐藏特征 H_u 和项目的隐藏特征 H_m，并利用非线性的因子分解机构建用户与项目之间的关联关系，最终完成推荐（第14~16 行）。当均方根误差（RMSE）的变化率趋于平稳时，迭代过程结束（第17 行）。

由此可知，本章所提方法由字符级注意力机制、卷积神经网络模型、短语级注意力机制以及因子分解机模型组成，因此该方法的时间复杂度为：

$$O = O_{\text{cnn}}\left(\sum_{f=1}^{D} n_{f-1} \cdot s_f^2 \cdot n_f \cdot m_l\right) + O_w\left(d \cdot n \cdot n\right) + O_p\left(t^2\right) + O_{fm}\left(L_h\right) \quad (3.20)$$

其中，O_{cnn} 表示卷积神经网络的时间复杂度，f 为卷积层的索引，D 表示网络深度（卷积层的数量），n_f 为 f 层卷积核的数量，s_f 为卷积核的空间大小，m_l 是输出特征的空间大小。O_w 为字符级注意力机制的时间复杂度。已知 d 为词嵌入维度，n 为句子长度，式 (3.5) 的时间复杂度为 $O(n^2)$，式 (3.6) 的时间复杂度为 $O(d \cdot n \cdot n)$，因此字符级注意力机制的最终复杂度为 $O(d \cdot n \cdot n)$。O_p 为短语级注意力机制的时间复杂度。已知 t 为卷积操作后的特征长度，式 (3.5) 的时间复杂度为 $O(t^2)$，而式 (3.12)、式 (3.13) 和式 (3.14) 的时间复杂度均为 $O(3t^2)$，因此短语级注意力机制的最终复杂度为 $O(t^2)$。最终 O_{fm} 为因子分解机的时间复杂度[94]，L_h 是隐藏特征（H_u 或者 H_u）的长度。

3.4 实验结果与分析

为了验证各个对比推荐方法的性能，本章采用了全球最大的购物网站——亚马逊购物平台的真实数据，这些数据真实反映了用户对项目的喜好程度。为进一步保障测试的完整性，所选数据包括了不同行业的 4 组评价数据集[95,96]。其中，

Amazon Instant Video 数据集包含了用户对视频点播的评价信息，Automotive 数据集包含了用户对汽车用品的评价信息，Patio, Lawn&Garden 数据集包含了用户对家庭用品的评价信息，Musical Instruments 数据集包含了用户对乐器的评价信息。

表 3.2 列出了 4 组数据集的相关统计信息，涵盖了不同的数据量级、领域及稀疏程度。整体而言，所选数据集能够全面且客观地模拟过载和冷启动的应用场景。在这些数据集中，用户数量为 N_u，项目数量为 N_i、评价数量为 N_c、数据的稀疏程度为 $d = 1 - [N_c/(N_u \cdot N_i)]$、单个用户的平均评论数为 $\overline{N_u}$、单个项目的平均评论数 $\overline{N_i}$，以及数据集的大小为 F_{size}（单位：KB）。

表 3.2　实验数据集相关统计数据

数据集	N_u	N_i	N_c	$d(\%)$	$\overline{N_u}$	$\overline{N_i}$	F_{size}
Amazon Instant Video	5130	1685	37126	99.571	7	22	27450
Automotive	2928	1685	20473	99.585	7	12	13943
Patio, Lawn&Garden	1686	962	13272	99.182	8	14	14204
Musical Instruments	1429	900	10261	99.202	7	11	7272

在推荐模型的训练与测试过程中，本章采用了能够缓解过拟合问题的 Hold-out 验证方法。该方法将每个数据集拆分为训练集（Training Set）、验证集（Validation Set）和测试集（Test Set）三部分，比例分别为 80%、10% 和 10%。具体而言，本章使用训练集训练各个推荐模型的参数，利用验证集评估经训练后模型参数的性能，最终在测试集上评估模型的泛化误差。

本章选取了以下 4 种对比方法：

（1）**非负矩阵分解**（Non-negative Matrix Factorization, NMF）[97]：这是一种所有矩阵元素均符合非负约束的矩阵分解方法，主要依据"局部构成整体"的原理，将原始复杂的非均匀矩阵拆分为两个简化的非负子矩阵，并通过简单的迭代方法分别求解这两个子矩阵。

（2）**优化的协同过滤**（User-based Collaborative Filtering, BCF）[71]：该方法

利用相似用户之间的兴趣偏好相似性，来发现用户对项目的潜在偏好。BCF 方法仅利用用户的历史评分数据，因此非常简单有效，是应用最广泛的协同过滤推荐方法。

（3）**深度协作神经网络**（Deep Cooperative Neural Network, DeepCoNN）[57]：这是一种基于深度学习的混合推荐方法。主要分为两个部分。第一部分利用评分以外的信息，通过深度学习方法构建用户和项目的特征；第二部分利用基于内容的推荐模型融合特征进行推荐。该方法将深度学习与传统推荐模型相结合，是一种先进的混合推荐方法。

（4）**NARR**：这也是一种基于深度学习的混合推荐方法，通过引入注意力机制，从非结构化数据中提取隐藏特征，以提升用户与项目文本之间的相似度，从而完成评分预测。

本章通过反复测试，确定了各个方法的最优超参数。对于 NMF 和 BCF 推荐方法，隐因子个数在 {10, 25, 50, 100, 150, 200} 范围内，正则化参数在 {0.001, 0.01, 0.1, 1.0} 范围内，学习率在 {0.006, 0.005, 0.004, 0.003, 0.002, 0.001} 范围内时，均可取得最优推荐效果。

图 3.5 显示了 ACNN-FM 方法、NARR 方法与 DeepCoNN 方法在卷积核数量为 {10, 20, 50, 100, 150, 200, 300} 范围内时的 RMSE 值。实验结果表明，三种方法均在卷积核数量为 50 时取得最佳的推荐效果。图 3.6 展示了 ACNN-FM 方法与 DeepCoNN 方法在隐因子个数取值为 {8, 16, 32, 64, 96, 128, 256} 时的 RMSE值，实验表明两种方法均在隐因子个数为 64 时取得最佳推荐效果。

在上述三种方法的训练过程中，学习率取值范围为 {0.0001, 0.0002, 0.0004, 0.0008, 0.005, 0.01, 0.02, 0.05}，批次大小取值范围为 {50, 100, 150}，丢弃率取值范围为 {0.1, 0.3, 0.5, 0.7, 0.9}。如果计算资源有限，ACNN-FM 方法可以在字符级注意力机制阶段使用卷积神经网络对词嵌入的长度进行降维。

此外，在 ACNN-FM 方法、NARR 方法以及 DeepCoNN 方法的训练过程中，当迭代次数取值为 25 时，模型在测试集上的损失函数值趋于平稳。

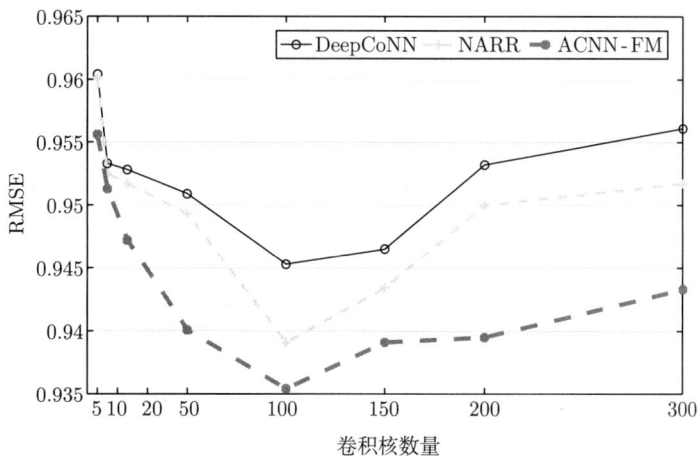

图 3.5　"卷积核数量"网络参数调优过程

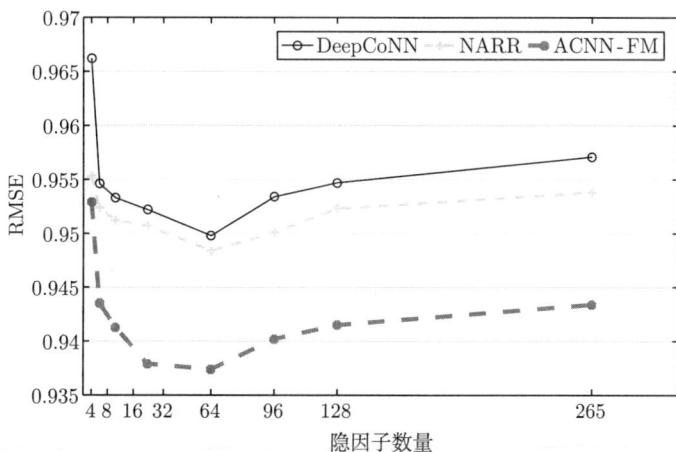

图 3.6　"隐因子数量"网络参数调优过程

3.4.1　字符长度对推荐效果的影响

本章发现,非结构化的文本数据蕴含了大量可用的辅助信息。因此,所提 ACNN-FM 方法的核心操作是在训练过程中增加用户评论文本与项目评论文本之间的关联,以提升卷积神经网络提取特征的精度。其核心策略是从非结构化的评论文本中挖掘更多的用户或者项目的辅助信息,即评论文本越多,所蕴含的辅助信息越丰富。由此可推测,评论信息的字符串长度对该方法的推荐效果有一定影响。

为了进一步分析这一特点,如图 3.7 所示,本章针对 4 个不同领域的 RMSE 数据集,分析了不同字符串长度下评论数量的分布。值得注意的是,图中的坐标值已进行了对数处理。从图中可以看出，不同字符串长度下的评论数量分布呈现长尾分布，且大部分评论的字符长度集中在某一个特定区间。显然，在推荐系统中引导用户编写某一特定长度区间的评论，将对提升模型准确度有非常大的帮助。因此，推荐模型的训练与优化应以该区间为重点分析对象。

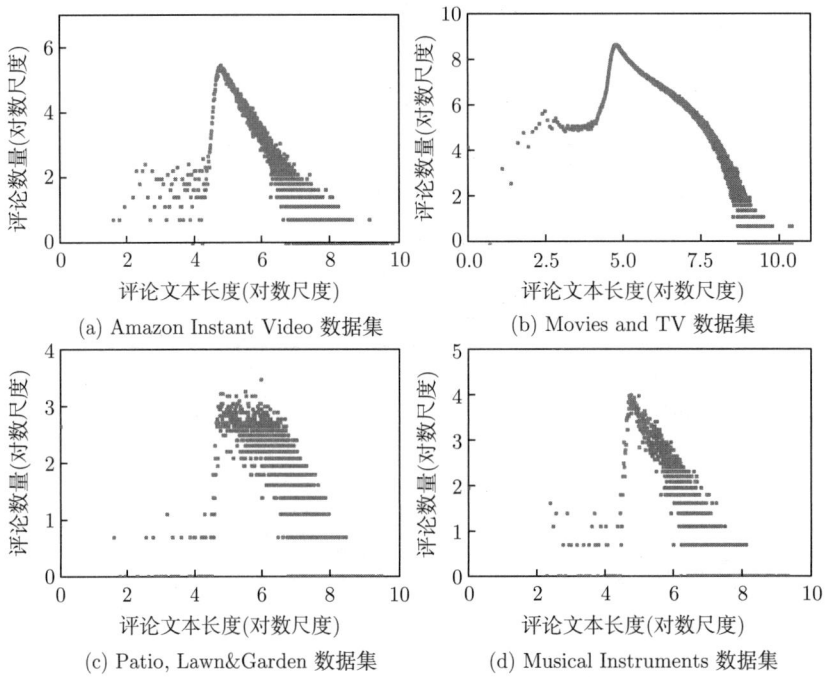

(a) Amazon Instant Video 数据集

(b) Movies and TV 数据集

(c) Patio, Lawn&Garden 数据集

(d) Musical Instruments 数据集

图 3.7　不同文本长度下评论数量分布（使用对数尺度）

为了进一步分析评论信息字符长度的分布区间，并确定最佳的文本长度范围，本章对每个字符长度下的评论数量进行了统计。在此，数据占比指的是对各个字符长度的评论数量进行倒序排序后，从高至低选取的数据所占的比例。

从表 3.3 可以看出，大部分评论信息的字符串长度为 76~1418，在该区间评测不同方法的推荐效果最具代表性。因此，我们针对字符串长度为 50~1500 的数据进行测试。如图 3.8 和图 3.9 所示，三种基于深度学习的混合推荐方法均能从非结构化文本数据中提取用户和项目的有效特征，其中 ACNN-FM 方法在这三种混合推荐方法中的推荐性能最优，说明 ACNN-FM 方法非常适用于字符长度处于 76~1418 区间的主流推荐场景中。

表 3.3　评论信息的字符串长度分析

数据集	数据占比	最小字符长度	最长字符长度
Video	0.8	71	863
	0.6	95	358
Automotive	0.8	88	1218
	0.6	96	442
Patio	0.8	1	2627
	0.6	1	1250
Musical	0.8	1	1256
	0.6	94	499
平均:		76	1418

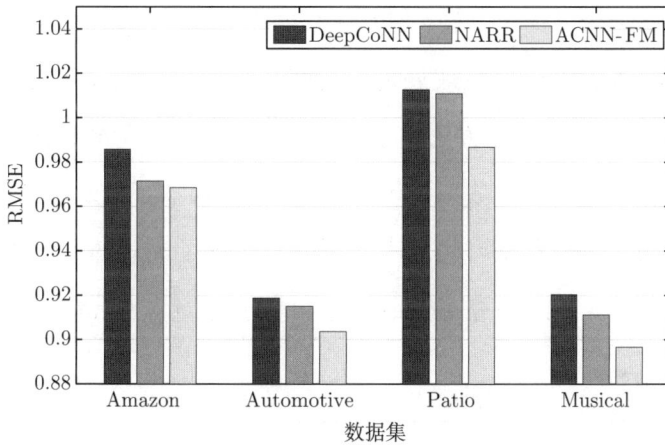

图 3.8　不同字符串长度用户组的对比实验结果（RMSE 指标）

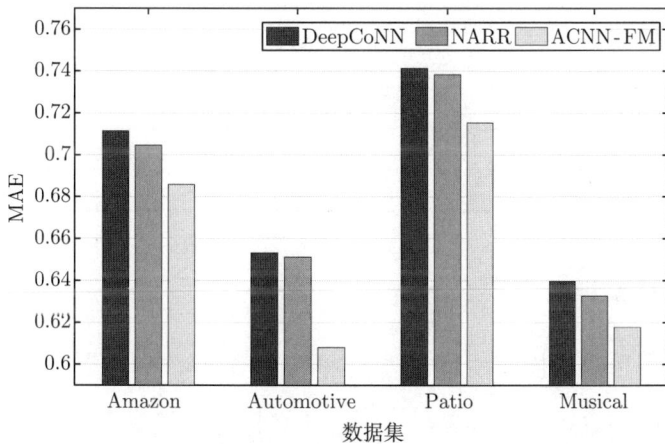

图 3.9　不同字符串长度用户组的对比实验结果（MAE 指标）

此外，在实验过程中我们发现，超长评论的占比非常低。考虑到本章所使用的词嵌入为固定向量长度（对于不足部分使用补 0 的方式进行处理），也就是说在训练过程中删除超长评论对推荐效果影响不大，但却能节省大量计算资源。

3.4.2　时间成本评测

在实际应用当中，时间成本是衡量推荐方法可用性的重要指标。本章评测方法的执行过程包括训练阶段和执行阶段，因此我们选择了训练时间和执行时间两个指标进行评测。如表 3.4 所示，随着数据量的增加，传统推荐方法的执行时间显著增长，表明其难以适应大数据环境；而基于机器学习的混合推荐方法，尽管模型训练时间高于传统推荐方法，但其执行时间始终保持在 0.6s 以内，表明基于深度学习的混合推荐方法可有效处理大规模数据。与 DeepCoNN 方法相比，虽然 NARR 方法和 ACNN-FM 方法由于引入了注意力机制导致训练时间有所增加，但执行时间基本保持稳定，最终以较小的时间成本换取了显著的性能提升。因此，本章提出的方法在保持较低时间成本的同时，实现了显著的性能改进。

表 3.4　模型训练和执行过程中时间成本评测结果

评测指标	数据集	评测方法				
		NMF	BCF	Deep-CoNN	NARR	ACNN-FM
训练时间（单位：s）	Video	1.92	1.4	1491	3299	4341
	Automotive	1.15	0.42	575	1018	1954
	Patio	0.82	0.12	757	1389	1882
	Musical	0.55	0.1	324	626	1048
执行时间（单位：s）	Video	0.06	0.63	0.02	0.015	0.04
	Automotive	0.03	0.12	0.02	0.03	0.51
	Patio	0.02	0.11	0.02	0.32	0.07
	Musical	0.01	0.07	0.02	0.02	0.05

3.4.3　多场景性能评测

不同领域、用户规模（项目规模）、平台发展阶段和运营区域等因素，导致推荐系统的应用场景存在显著差异。在这些多样化的场景中，是否能够有效应对大规模用户和项目数据、为新用户或非活跃用户推荐其喜欢的项目，以及提升老用户的使用体验,成为评估互联网平台推荐性能的核心指标。因此,我们根据单个用户所评价的项目数量,针对每一个数据集,从三个不同角度抽取测试数据组:整体组、冷启动用户组和长尾项目组。

其中,整体组包含整个数据集中的所有数据;冷启动用户组由评价数量为 1~5 的用户数据组成;长尾项目组则包含所有库存项目的数据(其中冷门项目的数量约占总数的 80%)。实验结果如下所示。

如图 3.10 和图 3.11 所示,整体组的对比实验结果表明,ACNN-FM 方法、NARR 方法和 DeepCoNN 方法的 RMSE 值明显优于 NMF 方法和 BCF 方法,表明基于深度学习的混合推荐方法能够更好地利用深度学习的拟合能力,相较于传统推荐方法,能够从非结构化的评论文本中挖掘更多辅助信息。具体而言,ACNN-FM 方法与 NARR 方法相比,在 RMSE 值和 MAE 值上分别提升了 4.28% 和 8.19%。此外,在具有较高稀疏度的 Video 和 Automotive 数据集(稀疏度分别为 99.571% 和 99.585%)上,ACNN-FM 方法的评测结果优于 NARR 方法。说明 ACNN-FM 方法在大数据环境下具有更高的数据利用率,其推荐效果明显优于其他对比方法。与同样使用注意力机制的 NARR 方法相比,ACNN-FM 方法通过在单词级和短语级两个粒度提取用户和项目的特征,证明了设计"字符-短语"注意力机制从不同粒度提取更多特征的设计思路是正确且有效的。

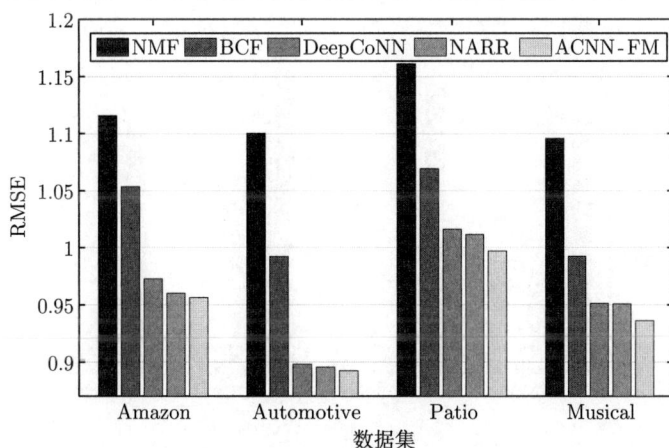

图 3.10　整体组实验评测结果(RMSE 指标)

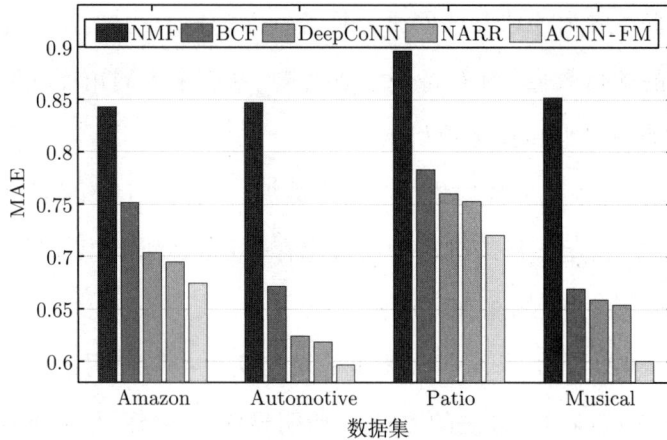

图 3.11　整体组实验评测结果（MAE 指标）

　　在图 3.12 和图 3.13 中展示了冷启动用户组的对比实验结果。实验结果表明，在用户对项目的评价数量大幅减少的冷启动环境中，所有方法均因稀疏问题而导致性能下降。整体上，三种基于深度学习的混合推荐方法性能下降的幅度较传统的 NMF 和 BCF 方法小，表明深度学习能够更有效地利用稀疏数据完成模型训练。具体而言，ACNN-FM 方法在所有对比方法中保持了最优的推荐性能，说明本章提出的"字符-短语"注意力机制更能有效处理过拟合问题，具有更高的稳定性，能够更好地缓解冷启动问题。

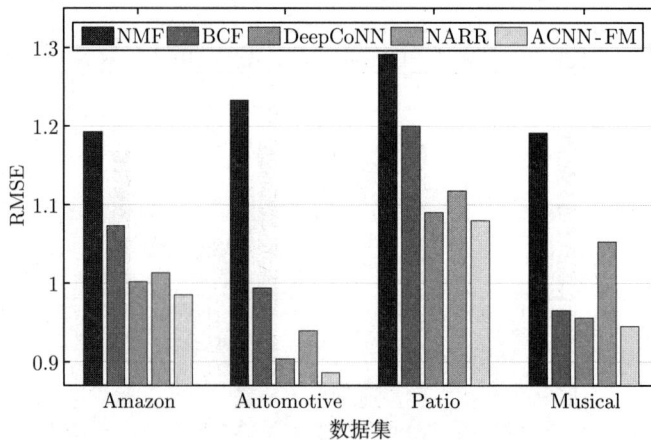

图 3.12　冷启动用户组实验评测结果（RMSE 指标）

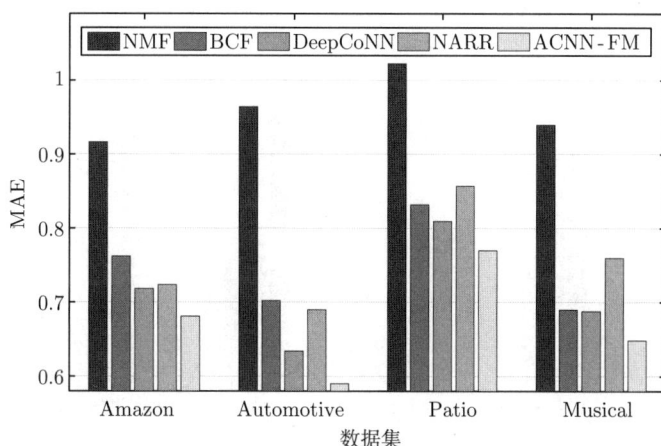

图 3.13　冷启动用户组实验评测结果（MAE 指标）

如图 3.14 和图 3.15 所示，展示了长尾项目组的对比实验结果。长尾现象，也被称为幂律分布，广泛存在于电商平台中，其中少数产品占据了大部分销量，而绝大多数产品则被用户忽视。与冷启动问题不同，长尾项目通常存在评价数量较多，但销售量却很低的情况。在实验中，我们将销售最少的 70% 项目设定为长尾项目（为了构建更极端的测试环境，本章选择的数据比率低于长尾分布的 80%）。实验结果表明，与其他推荐方法相比，ACNN-FM 方法在各个数据集上取得了最好的推荐性能。这表明，ACNN-FM 方法在具备较高数据利用率的情况下，能够在长尾现象中实现最佳的推荐效果。

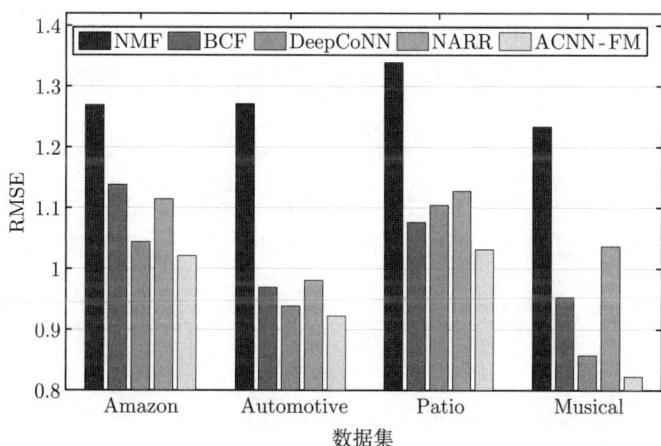

图 3.14　长尾项目组实验评测结果（RMSE 指标）

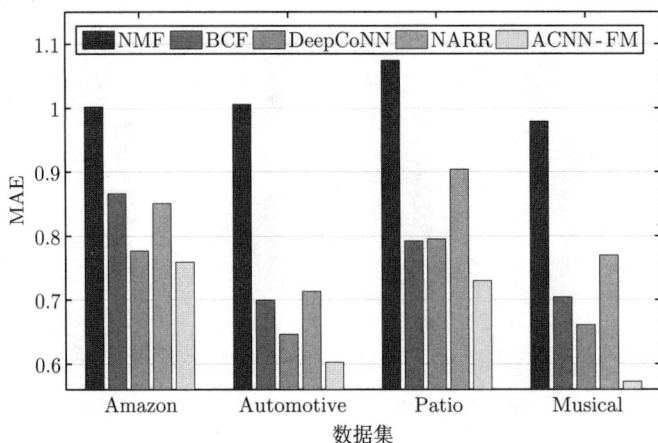

图 3.15　长尾项目组实验评测结果（MAE 指标）

3.4.4　新用户冷启动环境性能评测

能否为新用户推荐准确的项目是衡量推荐系统在冷启动场景下处理能力的重要指标。为了进一步验证 ACNN-FM 方法的先进性，我们对冷启动问题进行了更深入的评测。在冷启动场景中，当新用户进入系统后，用户通过选择标签、完善个人信息、浏览热门商品以及浏览用户咨询记录等行为，可以较容易地构建出用户的特征文本。针对这一场景，本章假设使用项目的标题和描述作为用户对喜欢的项目的评价文本，从而构造出一个类似元组 P 的数据集。

如图 3.16 和图 3.17 所示，展示了新用户推荐的评测结果。结果表明，ACNN-FM 方法在所有方法中表现最优。与 DeepCoNN 方法相比，ACNN-FM 方法和 NARR 方法的性能均有显著提升。这一结果表明，注意力机制在文本处理中的效果尤为突出，尤其是基于多视觉注意力的 ACNN-FM 方法，能够从自然语言文本中提取特征的精度最高。相比其他方法，ACNN-FM 方法展现出了更高的数据利用率，能够有效应对数据稀疏问题，并在新用户冷启动问题中表现出更优异的性能。同时，这也表明 ACNN-FM 方法可以很容易地拓展到其他易于构建特征文本的应用场景中。

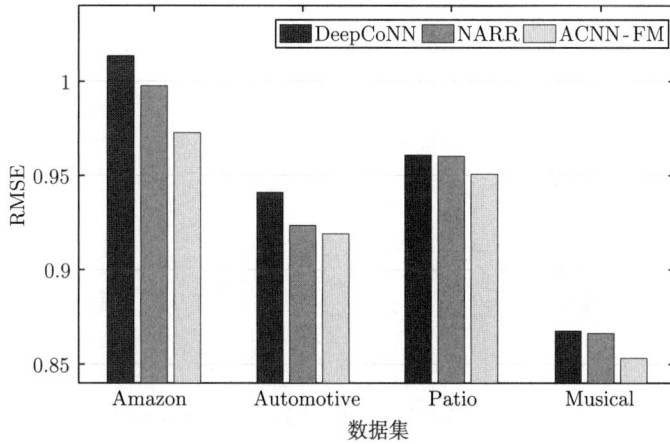

图 3.16　新用户冷启动环境性能评测（RMSE 指标）

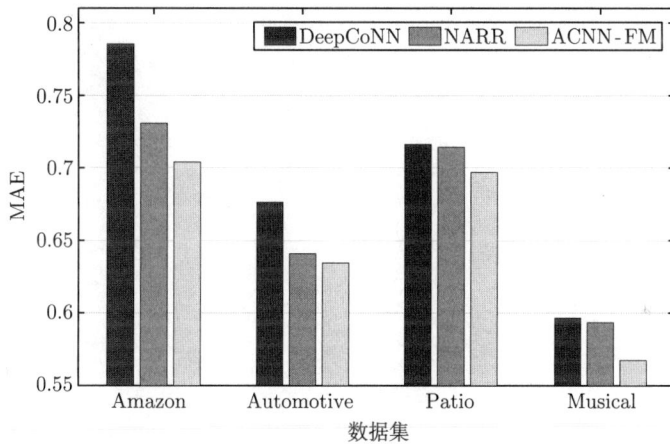

图 3.17　新用户冷启动环境性能评测（MAE 指标）

3.5　本章小结

为了解决传统推荐方法在数据稀疏、冷启动以及特征提取过度依赖人工等方面的不足，本章提出了一种基于"字符-短语"注意力机制和因子分解机的混合推荐方法。该方法通过深度学习技术，在文本处理和推荐性能上进行了创新。

首先，本章提出了"字符-短语"注意力机制，以从非结构化的评论文本中提取用户和项目的隐藏表达特征。在这一机制中，字符级注意力机制旨在从局部层面挖掘评论中核心词汇对推荐的影响，而短语级注意力机制则通过分析整体核心短语及短语之间蕴含的隐藏表达特征，进一步增强了对文本内容的理解和特征提取能力。

其次，基于所提出的"字符-短语"注意力机制，构建了双列卷积神经网络模型，并将其与因子分解机（FM）模型进行融合，形成了混合推荐方法。这一方法不仅能够从稀疏数据中同时提取用户和项目的表达特征，还能够通过挖掘用户与项目的隐藏特征来构建它们之间的关联。

最后，本章将基于"字符-短语"注意力机制的双列卷积神经网络模型与因子分解机模型相结合，提出了一种基于深度学习的混合推荐方法——ACNN-FM 方法。实验结果表明，ACNN-FM 方法在推荐性能上优于其他对比方法，尤其在冷启动环境下，能够有效缓解数据稀疏问题，提供更准确的推荐结果。

第 4 章　基于"局部-整体"注意力和文本匹配机制的兴趣点推荐方法

随着移动设备和位置获取技术的普及，基于位置的社交网络服务（Location Based Social Network Service, LBSNS）平台 [如 Yelp、Foursquare、大众点评（Dianping）和马蜂窝（Mafengwo）等平台] 得到了飞速发展。这些平台的用户在访问过的场所（如旅游景点、餐馆和商店等）中共享位置信息并分享相关体验，从而生成了大量的用户签到数据[98]。这些用户访问并感兴趣的场所被称为兴趣点（POI）[99]。在 LBSNS 平台上，用户与 POI 的交互数据为移动互联网平台提供了潜在的数据财富，但同时也引发了信息过载的问题 [100]。

POI 推荐在基于位置社交网络服务的应用平台中至关重要，它能够帮助用户从海量信息中筛选出感兴趣的 POI，从而缓解用户信息过载问题，辅助用户决策，并在提升平台用户体验的同时帮助运营商实现个性化的精准广告。尽管签到数据的规模巨大，单个用户仍面临着数据稀疏和冷启动问题，并且很难挖掘出有价值的长尾 POI。与其他推荐系统（如产品推荐、电影推荐等）相比，POI 推荐面临更多的挑战[101]。首先，用户对 POI 的偏好受地理距离的影响，通常他们访问的 POI 较少且集中在家庭或工作单位附近。其次，用户可能会每天访问相同的 POI（例如，工作场所附近的早餐店）。再次，用户的偏好受时间影响，如他们在清晨和深夜访问的餐厅可能不同。从次，社会关系对用户偏好也有一定影响，用户的偏好往往会受到朋友的喜好影响。最后，POI 的评论和描述等非结构化信息也会对用户偏好产生影响。

如表 4.1 所示，为了应对 POI 推荐中的挑战，目前的 POI 推荐方法主要分为两类：基于社交网络的 POI 推荐方法、基于上下文和主题的 POI 推荐方法。在基于社交网络的 POI 推荐方法中，协同过滤（Collaborative Filtering）[41] 和矩阵分解（Matrix Factorization, MF）[43,44] 被广泛应用。但这些方法在处理大规模数据时存在局限，并且在数据稀疏和冷启动情况下的准确率较低。而基于上下文和主题的 POI 推荐方法作为当前的主流方法，通过引入非结构化数据，在一定程度上缓解了数据稀疏问题，并帮助用户挖掘优质的长尾 POI。然而，这些方法在处理包括序列数据、地理位置、文本和图像在内的非结构化数据时仍面临挑战。为了解决这一问题，深度学习被广泛应用于分析非结构化数据，并且在引入注意力机制后，能够自动从大规模非结构化数据中提取辅助信息。

表 4.1   现有 POI 推荐方法相关工作分析

类别	POI 推荐方法	数据	优点	缺点
基于社交网络的 POI 推荐方法	基于社交网络的协同过滤方法[41,42]	结构化数据：社交关系	简单、高可用	(1) 准确率低 (2) 难以处理大规模数据 (3) 存在数据稀疏问题 (4) 新用户和新 POI 存在冷启动问题
	基于社交正则化的矩阵分解[43,44]			
	★ 基于自注意力的自编码器[55]	结构化：社交关系、地理影像、时序上下文信息	(1) 可处理大规模数据 (2) 能对用户的社交关系和序贯模式进行建模	(1) 存在数据稀疏问题 (2) 新用户和新 POI 存在冷启动问题
基于上下文和主题的 POI 推荐方法	基于用户和基于项目的协同过滤[49]	结构化：评分数据	简单、高可用	(1) 低准确度 (2) 难以处理大规模数据
	地理因子分解机[48]	结构化：地理信息、时序上下文信息		
	基于朴素叶贝斯的协同过滤[102]			
	★ 经典 CNN 模型[27]	结构化：地理位置、时序上下文、评分、用户和项目的属性非结构化：评论文本	(1) 缓解冷启动问题 (2) 处理大规模数据 (3) 自动提取用户和项目的特征 (4) 高可拓展性。	存在梯度消失等问题
	★ 基于注意力机制的 RNN 模型[56,60,61,63,64]			特征提取精度有待提高、有待进一步提高隐藏特征挖掘的信息量

★ 表示该方法使用了深度学习方法。

为了克服传统 POI 推荐方法存在的问题，从个体用户稀疏的数据中提取更多表达特征，缓解冷启动问题，并实现对有价值的长尾 POI 进行个性化推荐，本章提出了一种基于"局部-整体"注意力机制的 POI 推荐方法（HAM-POIRec）。

具体而言，本章的创新点如下：

（1）引入非结构化数据和特征提取概念：除表 4.1 所示的评论文本数据外，本章还增加了 POI 描述文本和图片等非结构化数据，从而进一步细化了从结构化数据中提取的"显示特征"概念与从非结构化数据中提取的"隐式特征"概念。这有助于提炼出更加丰富的特征表达。

（2）提出"局部-整体"注意力机制：考虑到神经网络输入数据中，单一特征、组合特征和整体特征对推荐结果的贡献存在差异，并且这些特征蕴含大量有价值的隐含信息，本章提出了"局部-整体"结构的注意力机制。该机制通过局部注意力机制提取单个特征的贡献度，同时通过整体注意力机制提取组合特征和整体特征的贡献度，从而提升对稀疏数据的特征提取能力并有效利用优质信息。

（3）基于 NLP 提取用户与 POI 之间的潜在关联：通过自然语言处理技术（NLP），本章进一步从用户文本和 POI 文本中提取"用户-POI"之间的潜在关联。该关联被用作权重，进一步对基于用户特征和 POI 特征构建的预测器进行微调，以提升推荐性能。

总体而言，本章的创新点可总结如下：

（1）为了使基于深度学习的 POI 推荐方法能够从复杂的签到数据中分析出更具代表性的特征，本章提出了"显示特征"和"隐式特征"的概念。具体而言，从结构化数据中提取的特征被定义为显示特征，而从非结构化数据中提取的特征则为隐式特征。这一概念为基于深度学习的推荐方法提供了数据收集和计算模型选择的思路。

（2）为了从稀疏数据中获取更多有效信息，并尽可能利用高贡献度的信息，本章提出了"局部-整体"注意力机制。该机制关注单个特征对 POI 推荐的局部贡献度，同时挖掘组合特征和整体特征的贡献度和潜在隐藏信息。此机制在结构上灵活设计了局部注意力机制和整体注意力机制，使序列到序列网络模型（Scq2Scq）中的解码器（Decoder）能够在精确度损失不大的情况下，为了加快处理速度而仅选择整体注意力机制。

（3）本章首次在 POI 推荐领域提出了基于自然语言处理（NLP）的"用户-

POI"匹配度计算机制。该机制通过分析用户文本与 POI 文本之间的语义相似性,挖掘出"用户-POI"之间的匹配度;其次,基于"用户-POI"匹配度提出了一个微调函数,对系统预测的 POI 列表进行微调,最终获得更加精准的 POI 推荐列表。

(4)POI 推荐面临大规模数据运算、重度用户关系维护以及新用户冷启动的三大挑战。为了验证本章提出方法的有效性,本章构造了 3 个数据集并设计了多个不同的评测场景。实验结果表明,相较于 DeepPIM(Deep Neural Point-of-interest Imputation Model,基于深度神经网络的 POI 推荐方法)和 SAE-NAD(POI recommendation based on exploiting Self-attentive AutoEncoders with Neighbor-Aware Influence,基于邻域感知和自注意力自动编码器的 POI 推荐方法)等同类方法,本章提出的 HAM-POIRec 方法在推荐性能上表现最优,特别是在大规模数据处理和冷启动问题的解决上,效果尤为显著。

4.1　兴趣点推荐问题形式化分析

长期以来,基于 LBSNS 的移动互联网平台一直面临着主要挑战:如何准确预测用户的下一个 POI。如图 4.1 所示,在解决这一难题的过程中,研究者们利用关系、时间和距离等信息的社交网络方法已逐渐成熟,而利用文本信息的深度学习方法也开始显现其潜力。尽管这些信息中蕴含了可提升 POI 预测准确度的隐藏特征,但是本章认为,用户评论文本与 POI 描述文本之间的相似度在很大程度上描述了用户与 POI 之间的关系。

因此,该挑战可以进一步细化为两个关键问题:

(1)如何从结构化数据和非结构化数据中提取更具代表性的显示特征和隐式特征?

(2)如何通过分析用户文本和 POI 文本的相似度来提升用户与 POI 的匹配度,并提高预测准确度?

为了确保表述清晰和准确,本章将对相关的定义、符号和问题进行形式化说明。

图 4.1　POI 推荐的应用场景

定义 1：每个 POI 由 POI 编号 l、分类文本 g、时间 t'（含月份 m、周 w 和时 h）、图片 f' 表示为元组 $P = \{l, g, t', f'\}$。

定义 2：签到数据是显示用户在某个时间访问 POI 的记录。假设 u 表示用户编号、r 为某个用户对 POI 的评论文本和 p 为签到记录的编号，则可将签到记录表示为元组 $C = \{p, u, P, r\}$。因此，用户的历史嵌入记录可以表示为 $C = \{C_1, C_2, \cdots, C_t\}$，其中 C_t 为时间 t 时的签入记录。

问题描述：将从签到数据的结构化数据 $C_e = \{p, u, l, t'\}$ 中提取的特征定义为显式特征 $\boldsymbol{H}_e$，将从签到数据的非结构化数据 $C_i = \{p, r, g, f'\}$ 中提取的特征定义为隐式特征 $\boldsymbol{H}_i$，其中，$C = \{p, C_e, C_i\}$。因此，上述问题可以形式化为：

输入：$C_e = \{p, u, l, t'\}, C_i = \{p, r, g, f'\}$

输出：$\text{Top} - K$

$$
约束条件：
\begin{cases}
\boldsymbol{H}_e \leftarrow C_e,\ \boldsymbol{H}_i \leftarrow C_i \\
\text{rank} = f(\boldsymbol{H}_e,\ \boldsymbol{H}_i) \\
\boldsymbol{S} := \arg\max \text{Sim}(r,\ g) \\
\text{Top} - K \leftarrow g(\text{rank},\ \boldsymbol{S})
\end{cases}
\tag{4.1}
$$

也就是说，首先分别从结构化数据 C_e 和非结构化数据 C_i 中提取显式特征 $\boldsymbol{H}_e$ 和隐式特征 $\boldsymbol{H}_i$，以及使用预测函数 $f()$ 计算用户即将访问的 POI 排名（rank）；再使用 Sim() 函数计算评论文本 r 和分类文本 g 的相似度 $\boldsymbol{S}$；最后使用函数 $g()$ 对排名 rank 进行微调，得到更精确的前 K 个 POI 列表 Top-K。

4.2　系 统 模 型

为了解决式 (4.1) 所示的问题，本章提出了一种基于"局部-整体"注意力机制的 POI 推荐方法（HAM-POIRec），该方法旨在通过从结构化数据和非结构化数据中提取更多且更准确的辅助信息，以提升推荐的准确性。在该方法中，"局部-整体"注意力机制起到了关键作用，它能够从多个层次挖掘隐含特征，并通过文本相似度来进一步提升推荐的效果。

例如，对于一个经常加班到深夜的用户，HAM-POIRec 模型能够根据他过去对咖啡店的评价分析出其喜好的咖啡口味，进而推荐符合这种口味的新开张咖啡店给该用户，哪怕这些店铺位于不太显眼的小巷中。如图 4.2 所示，HAM-POIRec 方法的总体框架主要包括以下几个子模型。

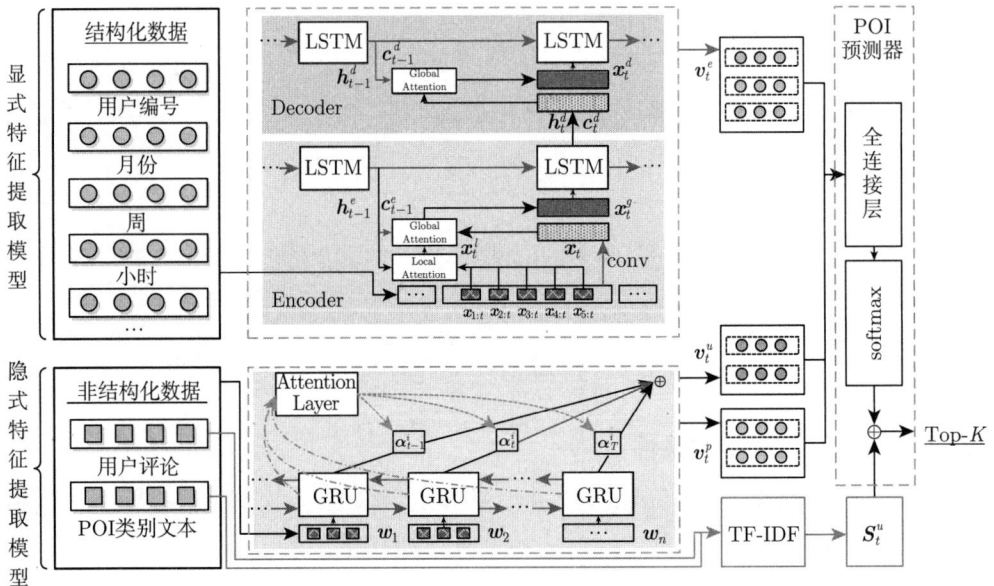

图 4.2　HAM-POIRec 方法的技术架构

- 基于"局部-整体"注意力机制的显式特征提取模型：提出了一个基于"编码器-解码器"结构的"局部-整体"注意力模型，用于从单个、组合和整体的结构化数据中"局部-整体"化提取显式特征。

- 基于注意力机制的隐式特征提取模型：提出了一个基于 NLP 的注意力机
  制，用于从非结构化数据中提取隐式特征。
- 基于"局部-整体"注意力机制和"用户-POI"匹配机制的 POI 推荐模型：
  首次在 POI 推荐领域基于 NLP 提出"用户-POI"匹配机制，该机制可以
  从文本相似度中挖掘出"用户-POI"匹配度，并使用该匹配度微调 POI 推
  荐列表，以得到最终的预测结果。

在 HAM-POIRec 方法中，上述子模型按顺序依次执行。然而，所提出的显式
特征提取模型以及隐式特征提取模型均基于"编码器-解码器"神经网络结构。因
此，为了更好地理解所提出的模型，本章首先介绍基于长短期记忆网络（LSTM）
的"编码器-解码器"结构。

本章所提方法的核心在于有效地捕捉用户的签到数据中的时序特征。考虑到
用户访问的 POI 在时间和地理位置上的连贯性，如在工作日，用户通常会依次
访问早餐店、地铁站和办公室等地点，并且这些地点都位于相同的地理区域，因
此，如何处理和分析这些具有时序性和空间特性的签到数据成为关键问题。

为了解决这一问题，传统的模型如自编码器、受限玻尔兹曼机、深度信念
网络和卷积神经网络在处理数据时存在局限性，特别是从文本等序列数据中学
习序列特征方面的困难[103]。因此，本章选择了包含层间循环连接，能够从数据
中捕获序列特征的递归神经网络（RNN）[76]。其中，LSTM 和 GRU 是 RNN 的
改进模型，克服了 RNN 信息传递存在间隙过大的问题，能够处理更长的序列
特征。

每个用户的 POI 列表序列长度不尽相同，文本的长度也存在差异。换句话
说，除了处理序列预测问题，还面临一个更为复杂的挑战：输入的序列和输出的
序列的长度不一致。因此，本章提出了一种基于 LSTM 的 Encoder-Decoder 框架，
以应对这一挑战[104]。该框架采用端对端（End-to-End）的计算模型，其运算过程
是：编码器将输入的序列数据映射到一个固定长度的中间状态向量，然后解码器
根据该中间状态向量，进一步将其映射为用户和 POI 的表达特征。

为了便于后续显式特征提取模型和隐式特征提取模型的阐述，先对基于 LSTM 模

型的编码器-解码器进行说明，具体如下所示。

假设 $\boldsymbol{x}_{i:t}$ 为时刻 t 的第 i 个特征，则有：

$$\boldsymbol{x}_t = (\boldsymbol{x}_{1:t}, \boldsymbol{x}_{2:t}, \cdots, \boldsymbol{x}_{i:t}) \tag{4.2}$$

其中，已知结构化数据 C_e 向量化之后得到特征向量 $\boldsymbol{H}_e$；t 时刻的输入数据为 $\boldsymbol{x}_t$，且 $\boldsymbol{x}_t \in \boldsymbol{x} \in \boldsymbol{H}_e$。

那么，编码器中 LSTM 首先从 t 时刻的输入数据 $\boldsymbol{x}_t$ 中获取到由非线性函数得到的候选状态 $\tilde{\boldsymbol{c}}_t$，则有：

$$\tilde{\boldsymbol{c}}_t = \tanh\left(\boldsymbol{W}_c\boldsymbol{x}_t + \boldsymbol{U}_c\boldsymbol{h}_{t-1}^e + \boldsymbol{b}_c\right) \tag{4.3}$$

其中，$\boldsymbol{h}_{t-1}^e$ 为 $t-1$ 时刻输出的信息传递给隐藏层的外部状态（后续给出计算方式），$\boldsymbol{b}_c$ 是候选隐藏状态的偏置项，$\boldsymbol{W}_c$ 和 $\boldsymbol{U}_c$ 为可学习到的网络参数。同时，输入的数据不仅包括提取隐含信息的候选状态 $\tilde{\boldsymbol{c}}_t$，还包括在时间步 t 的激活部分，即决定传输多少记忆，则有：

$$\boldsymbol{i}_t = \sigma\left(\boldsymbol{W}_i \odot \left[\boldsymbol{h}_{t-1}^e, \boldsymbol{x}_t\right] + \boldsymbol{b}_i\right) \tag{4.4}$$

其中，σ 为 sigmoid 函数，$\odot$ 为向量元素乘积，$\boldsymbol{b}_i$ 是输入门激活部分的偏置项，$\boldsymbol{W}_i$ 为可学习到的网络参数。进一步，生成 t 时刻产生的新的内部状态 $\boldsymbol{c}_t^e$，以循环信息传递的方式实现记忆传递，则有：

$$\boldsymbol{c}_t^e = \boldsymbol{f}_t \odot \boldsymbol{c}_{t-1}^e + \boldsymbol{i}_t \odot \tilde{\boldsymbol{c}}_t \tag{4.5}$$

其中，$\boldsymbol{f}_t$ 决定了遗忘哪些不重要的数据，如下所示：

$$\boldsymbol{f}_t = \sigma\left(\boldsymbol{W}_f \odot \left[\boldsymbol{h}_{t-1}^e, \boldsymbol{x}_t\right] + \boldsymbol{b}_f\right) \tag{4.6}$$

其中，$\boldsymbol{b}_f$ 是遗忘门激活部分的偏置项，$\boldsymbol{W}_f$ 为可学习到的网络参数。

最后，经过系列记忆操作之后，输出门 $\boldsymbol{o}_t$ 如下所示：

$$\boldsymbol{o}_t = \sigma\left(\boldsymbol{W}_o \odot \left[\boldsymbol{h}_{t-1}^e, \boldsymbol{x}_t\right] + \boldsymbol{b}_o\right) \tag{4.7}$$

其中，b_o 是输出门激活部分的偏置项，W_o 为可学习到的网络参数。随后，为了传递给下一个时间步和作为当前输出的一部分，需要更新根据记忆单元和输出门来产生的隐藏状态 h_t^e：

$$h_t^e = o_t \odot \tanh\left(c_t^e\right) \tag{4.8}$$

至此，隐藏状态 h_t^e 参与下一时刻 $(t+1)$ 的运算，形成以传递重要记忆的循环神经网络。

　　上述操作基本形成了基于 LSTM 的编码器。那么同理实现基于 LSTM 的解码器，易得解码器的内部特征向量 c_t^d 和外部特征向量 h_t^d，需要特别说明的是输出主要是将定长特征向量解码为预测序列，表示如下：

$$v_t^e = g\left(v_{t-1}^e, c_t^d, h_t^d\right) = P\left(v_t^e \mid \left\{v_1^e, v_2^e, \cdots, v_{t-1}^e\right\}, c_t^d, h_t^d\right) \tag{4.9}$$

其中，$g()$ 为解码器的输出操作（常用 softmax），其输出为显式隐藏目标向量 v_t^e 的概率。

4.2.1　基于"局部-整体"注意力机制的显式特征提取模型

　　结构化数据中的每个数据项（特征）直观上都会对模型的预测结果产生影响。例如，小时属性可以反映用户偏好出门的时间，是喜欢晚上还是白天出门。此外，特征之间也会相互影响。例如，虽然喜欢晚上出门的用户偏好某种美食，但如果该美食仅在早餐时段提供，那么该用户会选择放弃这一美食。这一现象表明，良好的模型设计需要同时考虑局部影响、组合影响和整体影响。因此，本章提出了一种基于"局部-整体"注意力机制的显式特征提取模型，该模型包括局部注意力机制和整体注意力机制。本章在对结构化数据进行向量化后，采用该显示特征提取模型提取结构化数据的历史局部特征和整体特征。

　　局部注意力机制。该机制用于提取 t 时刻中用户每个特征对预测结果的重要程度。假设 x_t 中各个元素 $(x_{i:t})$ 之间的注意力的得分为 $e_{i:t}^l$，又因为编码核心单元为 LSTM 模型，所以需要考虑上一时刻编码器的内部特征 c_{t-1}^e 和外部特征 h_{t-1}^e 的共同影响，则有：

$$e_{i:t}^l = V_i^{\mathrm{T}} \tanh\left(W_i\left(h_{t-1}^e \oplus c_{t-1}^e\right) + U_i x_{i:t} + b_i\right) \tag{4.10}$$

其中，$\oplus$ 为向量拼接，T 为特征向量的转置操作，b_i 表示偏置项，V_i、W_i 和 U_i 是可以学习的网络参数。

将这些注意力得分 $e_{i:t}^l$ 通过 softmax 函数转换为注意力权重 $\alpha_{i:t}^l$：

$$\alpha_{i:t}^l = \frac{\exp\left(e_{i:t}^l\right)}{\sum_{i=0}^k \exp\left(e_{i:t}^l\right)}, \quad 1 \leqslant i \leqslant k \tag{4.11}$$

其中，k 为 $x_{i:t}$ 的维度，$\alpha_{i:t}^l$ 是一个非负数，且所有权重相加等于 1，它们代表了每个键对应的值向量在输出值中的占比，即关注程度。

最后根据 $\alpha_{i:t}^l$ 和 $x_{i:t}$ 进行加权求和，计算出局部特征向量：

$$x_t^l = \sum_{i=1,\cdots,k} \alpha_{i:t}^l \cdot x_{i:t} \tag{4.12}$$

全局注意力机制。该机制提取 t 时刻中用户的整体特征（含特征相互之间的影响）x_t 对预测结果的贡献度。设 x_t 之间的注意力得分为 e_t^g，考虑上一时间段内部特征 c_{t-1}^e、外部特征 h_{t-1}^e 以及带局部注意力的特征向量 x_t^l 的影响，有：

$$e_t^g = V_j^{\mathrm{T}} \tanh\left(W_j\left(h_{t-1}^e \oplus c_{t-1}^e \oplus x_t^l\right) + U_j x_t + b_j\right) \tag{4.13}$$

其中，V_j、W_j 和 U_j 是可以学习的超参数，b_j 是偏置项。

其次，将这些注意力得分 e_t^g 通过 softmax 函数转换为注意力权重 α_t^g，则有：

$$\alpha_t^g = \frac{\exp\left(e_t^g\right)}{\sum_{t=1}^T \exp\left(e_t^g\right)}, 1 \leqslant t \leqslant T \tag{4.14}$$

其中，T 为用户可以访问的最大 POI 数量，α_t^g 是一个非负数，且所有权重相加等于 1，代表了各个键对应的值向量在输出值中的比重，即关注度。

最后我们根据 α_t^g 和 x_t 计算全局特征向量 x_t^g：

$$x_t^g = \sum_{j=1,\cdots,k} \alpha_t^g \cdot x_t \tag{4.15}$$

整体而言，在编码器中，$\boldsymbol{x}_t^g$ 与 $\boldsymbol{x}_t$ 相比，叠加了局部和整体的注意力分布，将 $\boldsymbol{x}_t^g$ 替代式 (4.3)～ 式 (4.8) 中的 $\boldsymbol{x}_t$，可以计算出带局部和整体的注意力分布的内部特征向量 $\boldsymbol{c}_t^e$ 和外部特征向量 $\boldsymbol{h}_t^e$。在解码器中，为了兼顾预测精确度以及运算速度，本章只使用全局注意力机制，具体地，将内部特征向量 $\boldsymbol{c}_t^d$ 和外部特征向量 $\boldsymbol{h}_t^d$ 输入到式 (4.13)～ 式 (4.15) 得到带注意力权重的 $\boldsymbol{c}_t^d$ 和 $\boldsymbol{h}_t^d$，再通过式 (4.9) 得到最终的显式隐藏目标向量 $\boldsymbol{v}_t^e$。

4.2.2　基于注意力机制的隐式特征提取模型

当前基于 LBSNs 的应用平台的签到记录中蕴含了丰富的用户评论文本和详细的 POI 描述文本。这些文本不仅包含了用户画像和 POI 画像相关的单词，还包含了用户签到的上下文语境。此外，评论文本中的单词具有固定的顺序，单词顺序的改变会产生语义上的变化。因此，捕获签到记录中的隐藏特征时，必须按时间顺序处理这些文本信息。为了有效地捕获这些隐藏特征，本章设计了一种基于 GRU 的 Seq2Seq 模型[104]，该模型使用与式 (4.5) 至式 (4.8) 类似的 Encoder-Decoder 结构，该结构能够有效地生成状态表达向量 $\boldsymbol{h}_t^i$，该向量是 Encoder 的隐藏状态输出，并作为 Decoder 的输入。

为了计算每个单词对用户特征或者 POI 特征的重要性，本章提出了一种适用于自然语言处理（Natural Language Processing，NLP）的注意力机制。该机制首先，通过全连接层从特征 $\boldsymbol{f}_r^i$ 中计算注意力分布 $\boldsymbol{e}_t^i$ [如式 (4.16) 所示]，其中，$\boldsymbol{f}_r^i$ 为非结构化的用户文本 r 向量化后的特征向量，且 $\boldsymbol{f}_r^i \in \boldsymbol{H}_i$；其次，再使用 softmax 函数计算注意力权重 $\tilde{\boldsymbol{\alpha}}_t^i$ [如式 (4.17) 和式 (4.18) 所示]；最后，将输入的用户评论和 POI 描述转换为带注意力权重的文本特征向量 $\boldsymbol{v}_t^u$，如下所示：

$$\boldsymbol{e}_t^i = \tanh\left(\boldsymbol{W}\boldsymbol{h}_t^i + \boldsymbol{b}\right) \tag{4.16}$$

$$\tilde{\boldsymbol{a}}_t^i = \boldsymbol{W}^*\boldsymbol{e}_t^i + \boldsymbol{b}^* \tag{4.17}$$

$$\boldsymbol{\alpha}_t^i = \frac{\exp\left(\tilde{\boldsymbol{a}}_t^i\right)}{\sum_{t=0}^{T}\exp\left(\tilde{\boldsymbol{a}}_t^i\right)},\ 1 \leqslant t \leqslant T \tag{4.18}$$

$$\boldsymbol{v}_t^u = \sum_{t=1}^{T}\boldsymbol{\alpha}_t^i \cdot \boldsymbol{h}_t^i \tag{4.19}$$

其中，W 和 W^* 是可以学习到的参数，b 和 b^* 是偏置项，T 为文本的最大长度。

此外，本章当中采用相同的模型分别计算用户文本和 POI 文本的表示特征。通过这种方式，得到带有注意力权重的表达特征向量 v_t^p。

4.2.3 基于"局部-整体"注意力机制和"用户-POI"匹配机制的兴趣点推荐模型

研究者们在最新的 POI 推荐过程中，综合考虑了结构化数据和非结构化数据，这一做法在一定程度上提升了数据的利用率，并提高了 POI 预测的准确性[62]。然而，他们仅仅从单个数据项中提取特征，忽略了数据之间的关联关系。本章进一步发现，非结构化数据中的用户评论与 POI 描述之间的文本相似性蕴含了它们相互喜欢的程度。例如，如果用户评论中包含对咖啡的评价，那么他可能会对描述咖啡的 POI 感兴趣。因此，本章首次在 POI 推荐领域基于自然语言处理（NLP）技术，提出了使用文本相似度计算"用户-POI"匹配度的计算模型，并利用该模型对 POI 推荐列表进行微调和优化。具体过程如下所示：

"用户-POI"匹配度的计算模型。在 POI 推荐领域，本章首次基于 NLP 技术提出了使用文本相似度计算"用户-POI"匹配度的计算模型。该模型主要探讨文本相似度是否能够有效提升推荐性能。因此，本章采用了关键词匹配这一最简单的文本相似度计算方法来设计"用户-POI"匹配度模型。直观来看，文本中频繁出现的词汇不一定具有重要性，如"的""地""啊"等词对识别文本相似度的作用较小；相反，出现频率较低的词语更具辨识性。例如，在描述豆浆口味的文本中，"柴火味"这一在豆浆描述中较为罕见的词语，反而具有特殊意义，可能表明选择该豆浆的用户偏好农家风味。

这正是 TF-IDF[105] 方法的核心思想：如果某个关键词在特定文本中频繁出现，而在其他文本中出现频率较低，那么该词具有较高的分类辨识性。因此，本章引入了 TF-IDF 方法，用于计算单个用户文本与所有 POI 文本之间的相似度。

首先，TF（Term Frequency）函数用于分析用户评论中各单词在拟对比的 POI 描述中出现的次数。为了防止词频计算向长文本倾斜，TF 使用了除以所有待对比的 POI 文本数量的方式进行归一化处理，具体公式如下所示：

$$\text{TF}_{ij} = \frac{n_{ij}}{\sum_k n_{kj}} \tag{4.20}$$

其中，n_{ij} 表示当前用户文本 r^i 中单词 $w^r_{i:t}$ 在第 j 个 POI 文本 g^j 中出现的次数，且 t 为用户文本中单词的个数；$\sum_k n_{kj}$ 是 POI 文本 g^j 中所有词汇出现的总次数。所有 POI 描述的集合使用 $G_{\text{POI}} = [g^1, g^2, \cdots, g^j, \cdots, g^{N_g}]$ 表示，且 N_g 为单个用户可访问的 POI 列表的最长数量。

其次，IDF（Inverse Document Frequency）函数用于计算用户评论中各单词在所有 POI 描述集合中出现的次数。即包含关键词 $w^r_{i:t}$ 的文本越少，IDF 的值越大，从而使该词越具有分类辨识性。IDF 函数如下所示：

$$\text{IDF}_i = \log \frac{|G_{\text{POI}}|}{|\{j : t_i \in g^j\}|} \tag{4.21}$$

其中，$|G_{\text{POI}}|$ 表示所有待对比的 POI 文本总数，$|\{j : t_i \in g^j\}|$ 表示包含词语 $w^r_{i:t}$ 的 POI 文本数量。

最后，TF-IDF 函数通过 TF 函数计算关键词 $w^r_{i:t}$ 在某用户文本 r^i 中出现的频率，并通过 IDF 函数计算该关键词在所有 POI 文本 G_{POI} 中的频率。通过对某用户文本中多个关键词的遍历，最终得到该用户文本 r^i 对所有 POI 描述文本 G_{POI} 的相似度，TF-IDF 函数的计算公式如下所示：

$$\text{TF-IDF} = \text{TF}() \times \text{IDF}() \tag{4.22}$$

在此基础上，经过遍历用户 u 的所有评论文本和所有 POI 描述的相似度计算后，我们得到用户 u 对所有 POI 的相似度集合为 $\boldsymbol{S}_u$。

特征融合。 在分别使用不同的模型对不同结构的数据进行分析之后，本章采用了特征拼接策略（concat），将显式特征与隐式特征（用户文本特征和 POI 文本特征）进行合并，形成整体特征向量 $\boldsymbol{v}$。紧接着，将特征向量 $\boldsymbol{v}$ 输入全连接层（Fully Connected Layer）并通过 ReLU[106] 单元加权后得到新的特征向量 $\boldsymbol{v}'$，具体过程如下所示：

$$\boldsymbol{v} = \boldsymbol{v}^e_t \oplus \boldsymbol{v}^u_t \oplus \boldsymbol{v}^p_t \tag{4.23}$$

$$v' = \mathrm{ReLU}\,(vW' + b') \tag{4.24}$$

其中，v 可以继续合并新的特征向量，W' 和 b' 为全连接层的参数。

POI 预测器。由于 softmax 函数可以将负无穷到正无穷的得分值映射到 $[0,1]$ 之间，并且能够有效扩大分数差距，从而更好地解决分类问题。本章使用 softmax 函数计算向量 v' 的分值，进而推测用户可能感兴趣的 POI 列表的概率分布。具体过程如下所示：

$$y'_i = \tanh\,(v'W'' + b''),\ i = 1,\,2,\,\cdots,\,N \tag{4.25}$$

其中，W'' 和 b'' 是模型可以学习到的超参数，N 为 POI 列表的最大长度。对 y'_i 进行排序后，即可得到所需的 POI 推荐列表。

POI 推荐列表的微调与优化模型。在 POI 推荐列表的生成过程中，需要使用用户 u 对所有 POI 列表的相似度集合 S_u 作为影响权重，进一步对 y'_i 进行微调。具体来说，使用非线性的方式将权重映射到合适的阈值 W^s，然后通过加法的方式对 y'_i 进行微调，从而得到最终的 POI 概率分布 y。微调过程如下所示：

$$W^s = \tanh\,(S_u W^o + b^o) \tag{4.26}$$

$$y = y' + W^s,\ y' = [y'_1,\,\cdots,\,y'_i,\,\cdots,\,y'_N] \tag{4.27}$$

最终，通过对 POI 概率分布 y 进行倒序排序，前 K 个 POI 将组成某个用户当前时刻 t 的 POI 推荐列表。

HAM-POIRec 方法的训练和优化过程。为了训练本章所提出的 HAM-POIRec 方法，本章使用交叉熵（Cross Entropy，CE）作为损失函数，公式如下所示：

$$\mathrm{Loss} = -\sum_i \hat{y}_i \log y_i \tag{4.28}$$

其中，$\hat{y}_i$ 是真实的 POI 概率分布。模型在训练过程中，依靠该损失函数可以逐步完成参数的训练。

4.3　训 练 方 法

本章提出的 HAM-POIRec 方法的主要创新点在于引入了"局部-整体"注意力机制和基于 NLP 的注意力机制，深度挖掘结构化和非结构化数据的辅助信息，并通过文本相似度提出"用户-POI"匹配机制，旨在提高稀疏数据的利用率。具体来说，方法通过融合这些创新模块，提出了相应的训练方法。此外，本章还讨论了视觉特征提取对 POI 推荐的影响，指出增加非结构化数据有助于提升推荐系统的精准度和多样性。

4.3.1　方法过程描述

本章提出的 HAM-POIRec 方法包括了词嵌入分析模型和预测器。其中，分析模型包括基于"局部-整体"注意力机制的显式特征提取模型和基于注意力机制的隐式特征提取模型，预测器包括"用户-POI"文本匹配机制和微调函数。HAM-POIRec 方法的训练过程形成了基于"局部-整体"注意力机制的兴趣点推荐方法（见方法 2），旨在通过从结构化和非结构化数据中提取辅助特征，构建"用户-POI"文本匹配机制，并利用该机制微调推荐列表。其实现过程分为以下 4 个阶段。

阶段 1：特征向量化。使用 one-hot 编码和词嵌入方式分别对结构化数据和非结构化数据进行特征向量化处理，从而生成机器学习模型可识别的特征向量 x、f_u^i 和 f_g^i（第 4 行）。

阶段 2：显式特征提取模型。为了有效挖掘结构化数据中单一特征、组合特征和整体特征所蕴含的用户（或项目）隐藏表达特征，本阶段提出了基于"局部-整体"注意力机制的显式特征提取模型。该模型基于 Seq2Seq 架构，通过引入注意力机制来挖掘不同粒度特征的重要性，并从中提取更多表征用户或项目的信息（第 5~6 行）。在解码器部分，模型提取了显式特征 v_t^e（第 7 行）。

阶段 3：隐式特征提取模型。在此阶段，构建了适应 NLP 的注意力机制，并结合基于 GRU 的 Seq2Seq 模型，提出了隐式特征提取模型。该模型能够有效分析签到数据中的文本上下文，提取表征用户或项目的隐式特征 v_t^u 和 v_t^p（如第

8 行）。

阶段 4：微调优化的预测器。在 POI 推荐领域，首次引入了文本相似度，并提出了"用户-POI"匹配机制。通过计算用户与项目的相似度 S_u（第 9 行），并利用该相似度作为权重，构建微调优化函数对 POI 推荐列表 y' 进行微调和优化，最终获得更优的推荐结果（第 10~13 行）。

方法 2

输入： 签到数据 $C = \{p, C_e, C_i\}$；网络超参数：词向量、时间和用户特征的维度（D_w、D_t 和 D_u），每层隐单元数 h_l，注意力隐单元数 h_a，批次样本数量 s；

输出：

1: 初始化：$D_w = 300$、$D_t = 50$、$D_u = 250$，$h_l = 100$，$h_a = 400$，$s = 512$，训练集数量 $=D_{\text{train}}$；

2: **repeat**

3:     **for** each $b \in [1, (D_{\text{train}}/s)]$ **do**

4:         特征向量化：$(\boldsymbol{x} \in \boldsymbol{H}_e) \leftarrow C_e,\ \boldsymbol{f}_u^i \leftarrow r,\ \boldsymbol{f}_g^i \leftarrow g$；

5:         根据式 (4.10)$\sim$式 (4.12) 从 $\boldsymbol{x}_t$ 中获取局部特征 $\boldsymbol{x}_t^l$；

6:         根据式 (4.13)$\sim$式 (4.15) 从 $\boldsymbol{x}_t$ 中获取整体特征 $\boldsymbol{x}_t^g$；

7:         利用式 (4.2)$\sim$式 (4.19) 从 $\boldsymbol{x}_t^g$ 中提取到显示特征 $\boldsymbol{v}_t^e$；

8:         利用式 (4.16)$\sim$式 (4.19) 分别从 $\boldsymbol{f}_u^i$ 和 $\boldsymbol{f}_g^i$ 中提取用户评论的隐式特征 $\boldsymbol{v}_t^u$ 和 POI 描述的隐式特征 $\boldsymbol{v}_t^p$；

9:         利用式 (4.20)$\sim$式 (4.22) 计算"用户-POI"文本相似度 $\boldsymbol{S}_u$；

10:         特征融合：$\boldsymbol{v} = \boldsymbol{v}_t^e \oplus \boldsymbol{v}_t^u \oplus \boldsymbol{v}_t^p$；

11:         特征归一化：$\boldsymbol{v}' = \text{ReLU}\,(\boldsymbol{v}\boldsymbol{W}' + \boldsymbol{b}')$；

12:         预测推荐列表：$\boldsymbol{y}_i' = \tanh\,(\boldsymbol{v}'\boldsymbol{W}'' + \boldsymbol{b}'')$，$i = 1, 2, \cdots, N$；

13:         使用 $\boldsymbol{S}_u$ 微调优化 $\boldsymbol{y}'$：$\boldsymbol{y} = \boldsymbol{y}' + \tanh\,(\boldsymbol{S}_u\boldsymbol{W}^o + \boldsymbol{b}^o)$；

14:     **end for**；

15: **until** MAP 和 IoU 指标的变化率趋于平稳

本章所提的 HAM-POIRec 方法的核心运算模块主要包括显式特征提取模型、隐式特征提取模型和"用户-POI"匹配机制。因此，方法 2 的时间复杂度 O_{HP} 由上述 3 个模块的时间复杂度组成。假设 O_{LSTM} 表示 LSTM 的时间复杂度，LSTM 由输入门、输出门、遗忘门和候选状态组成，因此需要维护 4 个参数。具体来

说，网络中某一层 LSTM 的总参数量为 $W_{\mathrm{LSTM}} = 4 \times H_{\mathrm{size}} \times (H_x + H_b + H_{\mathrm{out}})$，即 LSTM 的时间复杂度 O_{LSTM} 为 W_{LSTM}。其中，H_{size} 表示单层神经网络的神经元个数，H_x 为输入数据的维度，H_b 表示偏置值的维度，H_{out} 表示输出特征的维度（如 $\boldsymbol{v}_t^e$、$\boldsymbol{v}_t^u$ 和 $\boldsymbol{v}_t^p$ 等的维度）。同理，假设 O_{GRU} 表示 GRU 的时间复杂度，GRU 包括更新门、输出门和候选状态。因此，网络中某一层 GRU 的总参数量为 $W_{\mathrm{GRU}} = 3 \times H_{\mathrm{size}} \times (H_x + H_b + H_{\mathrm{out}})$，即 GRU 的时间复杂度 O_{GRU} 为 W_{GRU}。

从 4.2.1 节中可以看出，显式特征提取模型的时间复杂度 O_e 由 1 个包括局部注意力机制和全局注意力机制的 LSTM 编码器，以及包含全局注意力机制的 1 个 LSTM 解码器组成。其中，局部注意力机制由式 (4.10)～式 (4.12) 组成，且式 (4.10) 的时间复杂度为常数级别，可以忽略不计。因此，局部注意力机制的时间复杂度 O_{Att}^l 为 $T \cdot (N_g)^2$，其中 k 为单个用户中特征数量的维度，T 为用户可以访问的最大 POI 数量。类似地，全局注意力机制的时间复杂度 O_{Att}^g 为 T^2。因此，显式特征提取模型的时间复杂度为：

$$O_e = 2O_{\mathrm{LSTM}} + O_{\mathrm{Att}}^l + 2O_{\mathrm{Att}}^g \tag{4.29}$$

同理，从 4.2.2 节中可以得出，隐式特征提取模型的时间复杂度为：

$$O_i = 2O_{\mathrm{GRU}} + O_{\mathrm{att}} \tag{4.30}$$

此外，从 TF-IDF 的核心公式 (4.20) 和公式 (4.21) 中可以看出，TF-IDF 的时间复杂度 $O_{\mathrm{TF-IDF}}$ 为 $N_g \cdot \log|G_{\mathrm{POI}}|$，而后续的预测器以及微调函数的时间复杂度为常数级别，可以忽略不计。因此，整体 HAM-POIRec 方法的时间复杂度为 $O_{\mathrm{HP}} = O_e + O_i + O_{\mathrm{TF-IDF}}$。

4.3.2 有效利用非结构化数据的相关讨论

在本章的研究中，我们主要关注 POI（兴趣点）信息，原因在于 POI 信息是由用户生成的，这有助于更好地理解用户的偏好，并且相比 GPS 位置信息，它更具代表性。除此之外，由于 POI 信息通常包含噪声且未经归一化，分析 POI 信息的挑战性高于分析 GPS 位置信息。

同时，我们还注意到，大多数签到数据所收集的 POI 信息或 GPS 位置信息并不完整，存在数据稀疏的问题。因此，本章的研究重点是如何深度挖掘稀疏数据中蕴含的辅助信息。前述章节不仅有效挖掘了结构化数据，还对非结构化数据中的文本信息进行了分析。已知 Yelp 和 Instagram 等平台所收集的数据包含 POI 信息等结构化数据、非结构化数据以及图像等多种形式的内容。基于此，本章的目标是利用更多的非结构化数据，通过扩展特征提取架构来增强推荐系统的能力，特别是通过引入图像特征来拓展特征提取模型。

本章所设计的 HAM-POIRec 方法的技术架构如图 4.1 所示。该架构提出了基于"局部-整体"注意力机制的显式特征提取模型，用于分析结构化数据；基于注意力机制的隐式特征提取模型，用于分析非结构化数据中的文本信息；同时，基于文本相似度提出了"用户-POI"匹配机制。

整体而言，HAM-POIRec 方法的核心思想是针对不同数据的特性，设计不同的特征提取模型。通过使用特征拼接策略（concat），将各个特征进行融合，最终基于融合后的整体特征进行预测。换句话说，HAM-POIRec 方法的技术架构是通过引入更多的辅助数据来增强推荐效果，其思路是为不同类型的数据设计不同的网络结构，然后将从不同模型中提取的特征融合成一个整体特征，进而完成最终的推荐任务。

如何在结构化数据和非结构化数据的基础上，进一步引入视觉（图像）数据以提升 POI 推荐性能，是一个值得深入研究的问题。因此，本章引入了 VGG16 神经网络，对 HAM-POIRec 方法的技术架构进行了拓展，设计了如图 4.3 所示的视觉特征提取架构。

已知 VGG16 是一个包含 13 个卷积层、3 个全连接层和 1 个 Softmax 预测器的深层 CNN，能够有效进行图像识别和分类。在本章设计的视觉特征提取架构中，我们对 VGG16[107] 进行了拆分，将其分为两个部分：特征提取部分和分类预测部分。然而，本章的视觉特征提取架构仅使用 VGG16 神经网络的特征提取部分。

通过提取丰富的图像特征后，进行全连接操作，得到图像的隐藏表达特征 v_i^g。

最终，这些图像特征与其他类型的特征进行融合，并输入原有的 HAM-POIRec 方法技术架构，从而实现对视觉特征的有效利用，并进一步提升 POI 推荐性能。

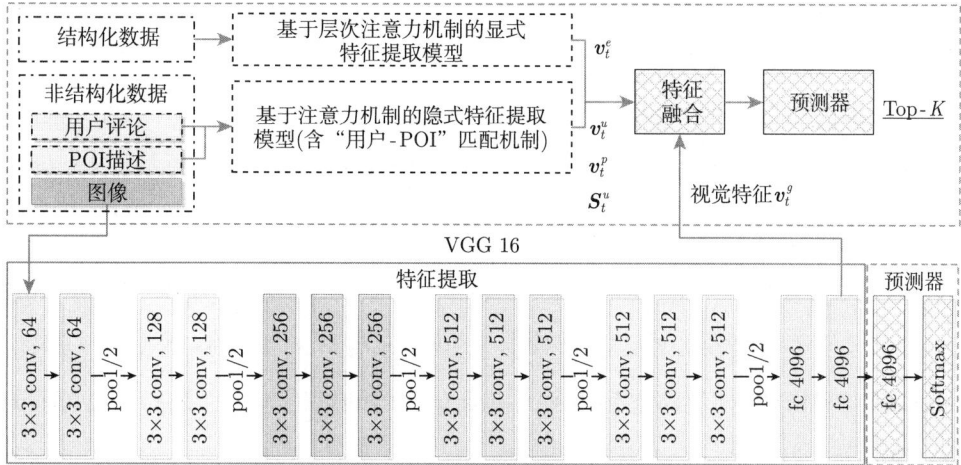

图 4.3　视觉特征提取架构

总体而言，本章提出的 HAM-POIRec 方法技术架构展现出了很强的可扩展性。以增加图像特征为例，该架构可以迅速扩展为如图 4.3 所示的视觉特征提取架构。该架构本质上是一种能够有效分析不同结构数据的模式，主要通过针对不同数据特征设计相应的分析模型，再利用特征融合方法将这些分析得到的辅助特征融合在一起。

此外，已知 POI 信息中还包含了用户与用户之间的社交关系以及用户与 POI 之间的网络关系。显然，该模型可以引入图神经网络（GNN）来分析和挖掘社交网络中的信息。因此，本章所提出的 HAM-POIRec 方法技术架构，不仅能够灵活分析不同结构数据，还具备极强的可拓展性。

4.4　实验结果与分析

本章在全球最大点评网站 Yelp 的公开数据集 "Yelp Dataset Challenge Round 13" 中设计了一系列验证试验。如表 4.2 所示，为了验证方法的综合性能，本章根据不同的筛选条件构造出了大规模数据集（yelp-b）、冷启动用户数据集（yelp-c）

和重度用户①数据集（yelp-h）。其中，字符串的长度为 N_t，单个用户的所有签到数据为 N_c，访问单个 POI 的所有用户数量为 N_p，单个用户访问的 POI 数量为 N_u，数据集中所有的用户数量为 C_u，数据集中所有的 POI 数量为 C_p，数据集中所有签到记录的总数为 C_c。此外，本章在用户描述文本中使用了 "business categories" 属性。训练数据集、校验数据集和测试数据集的比例为 8:1:1。

为了全面验证本章所提的推荐方法，本章选择了以下几种传统方法和最新的 POI 推荐方法进行对比：

LRT（Location Recommendation Framework with Temporal Effects）[108]：LRT 是一种基于矩阵分解模型的位置推荐框架，能够从实际的 LBSNs 数据集中分析用户的移动时间特性，并利用签到时间与签到位置之间的强相关性来提升推荐性能。

表 4.2　实验数据集信息统计

数据集	数据筛选条件				数据统计		
	N_t	N_c	N_p	N_u	C_u	C_p	C_c
yelp-b	100~1200	20	80	2	3957	37684	630960
yelp-c	100~1200	100	4	3	14983	8452	17270
yelp-h	100~1200	40	50	40	4195	2617	185061

MGMPFM（Multi-center Gaussian Model and Poisson Factor Model）[43]：MGMPFM 是一种融合了泊松因子模型（Poisson Factor Model, PFM）的 POI 推荐模型。该模型整合了多中心高斯模型（Multi-center Gaussian Model, MGM）所捕获的地理信息和社会信息，与传统的矩阵分解（Matrix Factorization, MF）模型相比，其推荐性能有显著提升。

SAE-NAD：SAE-NAD 是一种 POI 推荐方法，包含自关注编码器（Self-Attention Encoder, SAE）、邻居感知解码器（Neighbor-Aware Decoder, NAD）和多维注意力机制。该方法通过多维注意力机制考虑了地理上下文信息，从而提高 POI 推荐的准确性，特别适用于处理结构化数据。

---

① 重度用户是指反复使用某个产品或者服务的老用户。

DeepPIM：DeepPIM 是一种基于机器学习的 POI 推荐方法，采用基于注意力机制的 Seq2Seq 模型，同时结合了结构化数据与非结构化数据（如图像和文本信息），以此增强推荐的准确性和个性化。

HAM-POIRec：HAM-POIRec 是本章提出的基于深度学习的 POI 推荐方法。该方法引入了一种"局部-整体"注意力机制和"用户 POI"匹配机制，在训练过程中充分利用了结构化和非结构化数据，以提升系统的推荐性能。

在上述对比方法中，LRT、MGMPFM 和 SAE-NAD 方法属于基于社交网络的 POI 推荐方法，而 DeepPIM 和 HAM-POIRec 则属于基于主题和内容的 POI 推荐方法。这两类方法的实现原理存在差异，导致它们在训练模型时所使用的数据也有所不同。如表 4.3 所示，基于社交网络的 POI 推荐方法主要依赖社交网络信息，而基于主题和内容的 POI 推荐方法则主要依靠文本等内容和主题信息。需要注意的是，视图特征是通过 VGG16 神经网络对 POI 对应的图片提取的特征值。此外，u_i 和 u_j 分别表示第 i 个用户和第 j 个用户。

对于传统 POI 推荐方法中的 LRT 和 MGMPFM，本章通过多次实验验证了文献 [109] 中所使用的参数已经达到了最优效果。具体来说，LRT 的超参数设置为：$K = 100$、$\lambda = 1.0$、$\beta = 2.0$、$\alpha = 2$ 和 $T = 24$。MGMPFM 的超参数由 PFM 和 MGM 两部分组成，其中 PFM 方法的超参数为：$K = 30$、$\alpha = 20.0$ 和 $\beta = 0.2$，而 MGM 方法的超参数为：$\alpha = 0.2$、$\theta = 0.02$ 和 $d = 15$。

表 4.3　各种对比方法所用数据项统计

POI 推荐方法	结构化数据	非结构化数据
LRT MGMPFM SAE-NAD	u, l, t，POI 类别文本，经度，纬度，社交关系（tuple $\{u_i, u_j\}$），用户 u 访问 POI 编号 l 的数量	-
DeepPIM	$C_o = \{p, u, l, m, w, h\}$	r
DeepPIM-P		r, g
DeepPIM-P-V		r, g，视觉特征
HAM-POIRec	$C_e = \{p, u, l, m, w, h\}$	r, g
HAM-POIRec-V		r, g，视觉特征

经过多次反复测试，本章最终训练得到基于深度学习的 POI 推荐方法的最优超参数。以下是几个重要超参数的设置：

丢弃率（dropout rate）[110] 是指在神经网络训练过程中随机丢弃一部分神经元的比率，这是一种常用的正则化手段，用于防止神经网络的过拟合问题。丢弃率的取值与网络中神经元的数量有关。具体而言，如果网络中的神经元数量较多，丢弃率可以初始化为 0.8；如果神经元数量较少，则可以初始化为 0.5。之后，可以在 0.05 或 0.1 的范围内进行调整，以搜索到最优的丢弃率值。

如图 4.4 所示，实验结果表明，对于 SAE-NAD 方法，当丢弃率为 0.2 时，以及对于 DeepPIM 和 HAM-POIRec 方法，丢弃率为 0.6 时，它们的均值平均精度（Mean Average Precision，MAP）值达到最优。

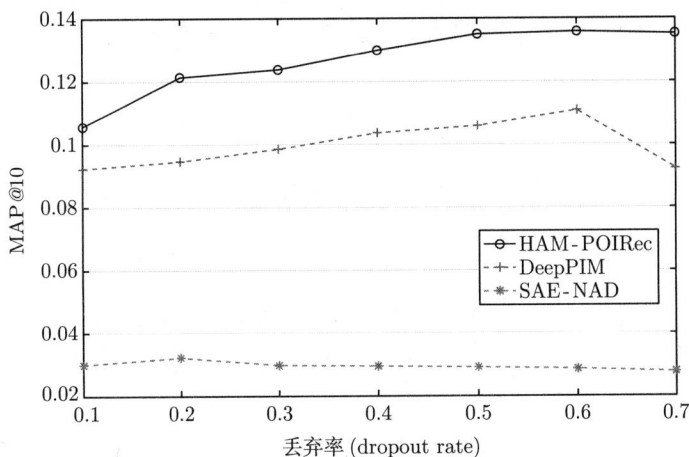

图 4.4　丢弃率（dropout rate）优化

学习率（learning rate）是用来指导如何通过损失函数的梯度调整网络权重的超参数。其取值范围以 5~10 轮训练迭代为标准，探索范围为 10^{-8}~0.1，并且每次探索时幅度扩大或缩小 10 倍。如图 4.5 所示，当所有方法的学习率取值为 0.01 时，MAP 值达到了最优。

正则化参数（Regularization Parameter）是用于平衡模型对数据的拟合程度与防止过拟合的正则化手段。它的初始取值通常较小，并且在 5~10 倍的范围内进行缩放探索，直到找到合适的量级后，再使用更小的值（如 0.01）进行微调。如图 4.6 所示，对于 DeepPIM 和 HAM-POIRec 方法，当正则化参数取值为 0.0001时，MAP 值达到最优。

此外，ReLU 单元的数量通常以 100 为单位进行探索。如图 4.7 所示，当 ReLU单元的数量为 500 时，MAP 值达到了最优。对于基于机器学习的 SAE-NAD、Deep-PIM 和 HAM-POIRec 方法，当训练次数为 40（epoch = 40）时，损失函数趋于平稳。

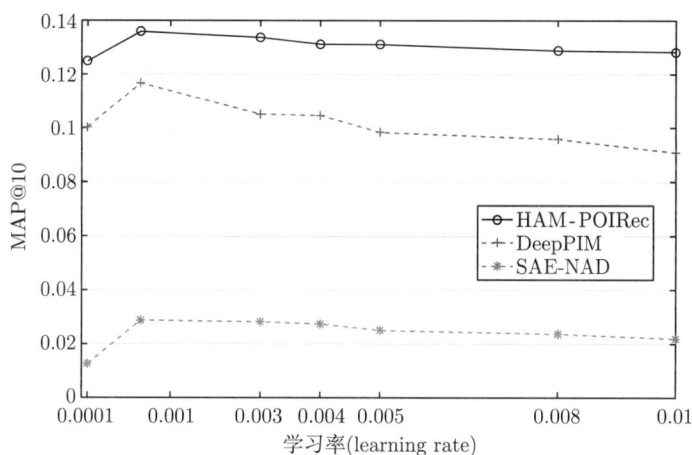

图 4.5　学习率（learning rate）优化

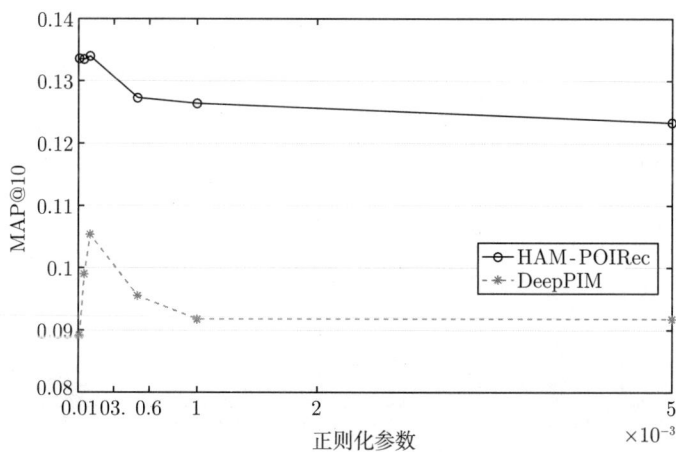

图 4.6　正则化参数优化

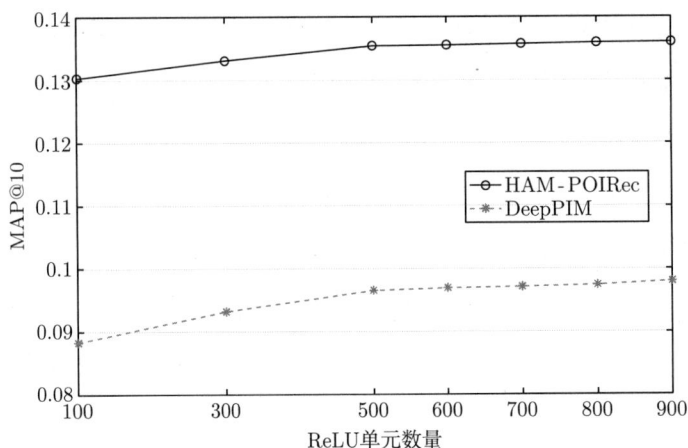

图 4.7　ReLU 单元数量优化

4.4.1　不同创新点对推荐效果的影响

在基础的 Encoder-Decoder 结构中，选择不同类型的神经网络单元作为神经元。为了构建性能最优的 Encoder-Decoder 结构，如图 4.8 所示，本章选择了 CNN 和 LSTM 作为神经元进行了一系列的验证实验。实验结果表明，在 HAM-POIRec 方法的基础架构中，基于 LSTM 的 Seq2Seq 框架在各项指标上明显优于基于 CNN 的 Seq2Seq 框架。这验证了使用能够捕获序列特征的 LSTM 作为 Encoder-Decoder 的神经元是一个正确的选择，它能更有效地提升 POI 推荐的准确度。

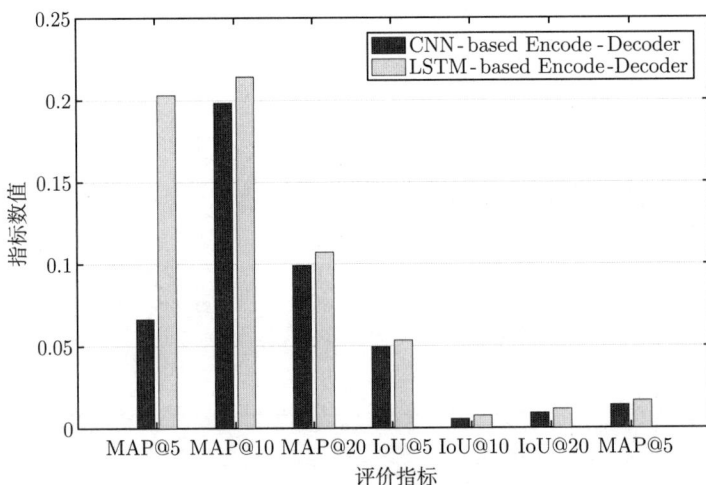

图 4.8　基于不同神经网络结构的 Seq2Seq 架构性能评测

为了深入分析非结构化数据中不同类型数据对推荐效果的具体影响,以及评估所提出的 HAM-POIRec 方法中各个计算组件对推荐性能的贡献,本章设计并实施了一个分阶段的实验,逐步引入非结构化数据和计算模型。该实验旨在展示非结构化数据和各个计算模型对推荐性能提升的作用。实验中引入的非结构化数据包括用户文本和 POI 文本,而计算模型则涵盖了基于 LSTM 的 Encoder-Decoder 机制、"局部-整体"注意力机制以及"用户-POI"匹配机制。

如表 4.4 所示,随着基于 LSTM 的 Encoder-Decoder 和注意力机制的逐步引入,推荐系统的 MRR(Mean Reciprocal Rank)值持续提升。特别是在引入 POI 文本后推荐性能得到了显著提升,MRR 值从 0.2886 提升至 0.941。这一结果表明,POI 文本的加入带来的性能提升远超过用户文本的加入,这说明由商家或专业人士编写的 POI 文本能够更精准地描述 POI 的特征,而用户评论往往比较随意,有时甚至可能包含与兴趣点无关的干扰信息。这进一步证实了,所收集的文本信息越准确,模型的推荐性能就越能得到提升。

表 4.4　HAM-POIRec 方法中不同创新点的性能评测(yelp-h 数据集)

方法	MRR	MAP@5	MAP@10	IoU@5	IoU@10
$E^{-n-a} + U$	0.1279	0.1835	0.0918	0.0062	0.0101
$E^{-a} + U$	0.207	0.2287	0.1143	0.0078	0.0118
$E + U$	0.2886	0.2375	0.222	0.01	0.0144
$E + U + P$	0.941	0.2677	0.1339	0.0158	0.0168
$E + U + P + S$	0.9424^{**}	0.2691^{**}	0.1346^{*}	0.0159^{*}	0.0169^{*}

E、U、P、S 分别表示显式特征、用户文本、POI 文本、"用户-POI"相似度。

$-n$ 表示模型没有使用神经网络。$-a$ 表示模型没有使用注意力机制。

$*$ 和 $**$ 分别表示与最优对比方法相比有 $p < 0.05$ 和 $p < 0.01$ 的差异性显著。

最终,当利用"用户-POI"匹配度对 POI 列表进行微调后,推荐系统的性能达到了最优,MRR 值为 0.9424。这一结果验证了基于注意力机制的 Encoder-Decoder 模型在提升推荐准确度方面的稳定性和有效性;同时,也证明了本章提出的引入非结构化数据的方法和使用"用户-POI"匹配度微调 POI 列表的策略,能够有效提升预测性能。

4.4.2　文本长度对推荐效果的影响

为了验证用户和 POI 文本长度对于"用户-POI"匹配度的影响,本章设计了在不同文本长度条件下的对比实验。在实验中,为排除数量差异等因素的影响,设定了 $N_t = 20$、$N_p = 10$ 和 $N_u = 20$ 的条件,并将数据集根据字符串长度分为 4 个组,分别为:50~300、300~550、550~900 和 900~1600。每组数据的规模均约为 7 万条,具体数量分别为 70393 条、69868 条、71702 条和 76605 条。

如图 4.9 和图 4.10 所示,长文本的 MRR 和 MAP@10 值均显著高于短文本

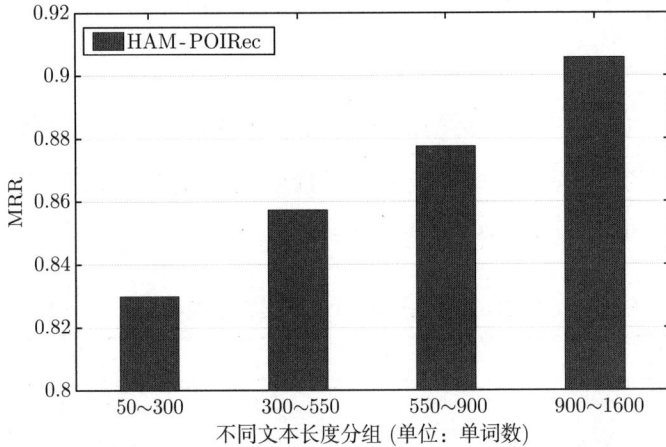

图 4.9　HAM-POIRec 在不同文本长度下的性能评测(MRR 指标)

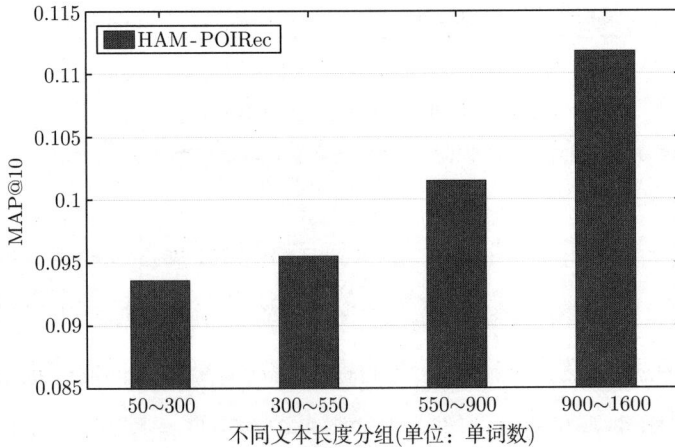

图 4.10　HAM-POIRec 在不同文本长度下的性能评测(MAP@10 指标)

的对应值,特别是在 MAP@10 指标上,"900~1600"字符组的性能提升尤为明显。这表明文本长度越长,所包含的信息越丰富,从而得到的"用户-POI"匹配度越高,进而能够有效提升方法的最终推荐性能。

因此,在推荐系统的实际应用场景中,我们应该尽可能收集长文本训练数据,以提高模型的推荐准确度和整体性能。

4.4.3　视觉特征对推荐效果的影响

本章的创新点之一在于从非结构化数据中提取出更多有价值的辅助信息。此外,在 4.3.2 节中,我们进一步优化了包含视觉特征在内的非结构化特征提取架构。为了验证 HAM-POIRec 方法的综合性能,并检验图像等视觉数据对模型性能提升的效果,我们选择了同样采用注意力机制和图像数据的 DeepPIM 方法作为对比验证方法。

如表 4.3 所示,HAM-POIRec 方法和 DeepPIM-P 方法未使用图像数据,而 HAM-POIRec-V 方法和 DeepPIM-P-V 方法则在模型中加入了图像数据。实验结果如图 4.11 和图 4.12 所示,HAM-POIRec-V 方法的 IoU@5 值比 HAM-POIRec 方法提高了 1.3%。这一结果表明,即使图像特征仅通过特征融合的方式加入模型,也能显著提升推荐的精确度。由此验证了本章提出的"引入非结构化数据可

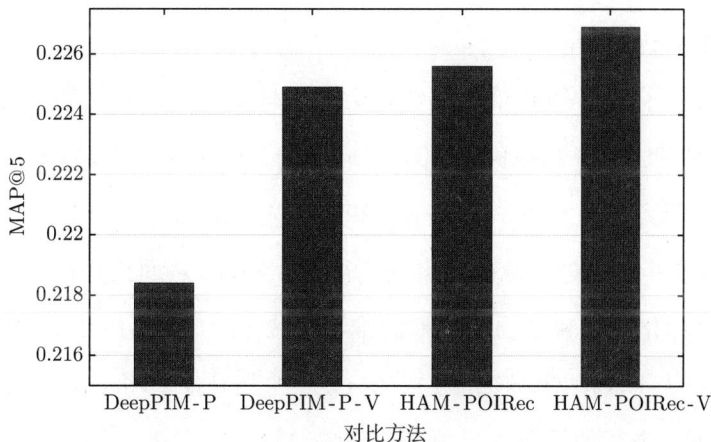

图 4.11　视觉特征对推荐效果的影响(MAP@5 指标)

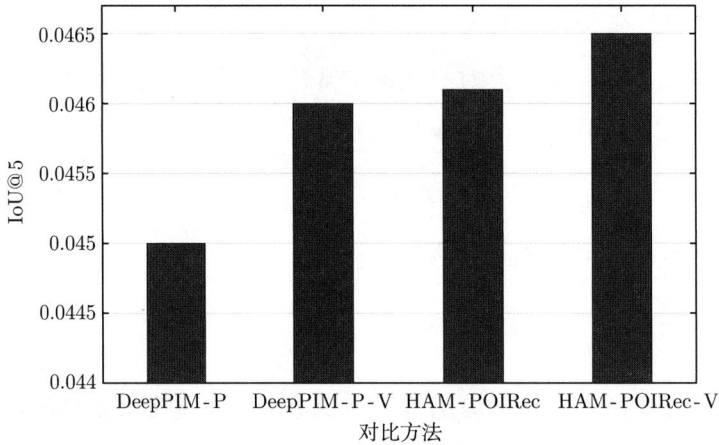

图 4.12　视觉特征对推荐效果的影响（IoU@5 指标）

提取出更多辅助信息"的观点，同时也证明了本书所提出的非结构化特征提取架构的有效性。

在相同的数据条件下，HAM-POIRec-V 方法的 IoU@5 值比 DeepPIM-P-V 方法高出 3%。这一结果进一步证实了在 HAM-POIRec 方法中提出的"局部-整体"注意力机制和"用户-POI"匹配机制的有效性。

4.4.4　多环境性能评测

POI 推荐领域面临 3 个主要挑战：处理大数据的运算、维护老用户（重度用户）的关系以及解决新用户的冷启动问题。为了应对这些挑战，本章设计了以下 3 个针对性的对比实验。

表 4.5 展示了所有 POI 推荐方法在大数据环境下的实验结果。结果表明，基于深度学习的方法（如 HAM-POIRec、DeepPIM 和 SAE-NAD）在推荐性能上明显优于传统的推荐方法（如 MGMPFM 和 LRT）。原因在于，深度学习模型能够处理大数据，并能从非结构化数据中自动提取有用特征，从而提高推荐的准确性。同时，结合非结构化数据和结构化数据的推荐方法（如 HAM-POIRec 和 DeepPIM）在性能上明显优于仅使用结构化数据的方法，尤其是在采用单层注意力机制的情况下，DeepPIM 方法的推荐效果显著高于 SAE-NAD 方法。这一结果说明了非结构化数据在提升 POI 推荐性能方面具有重要作用，也验证了本章提出的 HAM-

POIRec 方法，即通过提高非结构化数据的利用率来增强推荐效果，这一思路是非常有效的。

表 4.5　大规模数据环境下性能评测

方法	MAP@5	MAP@10	MAP@20	IoU@5	IoU@10	IoU@20
LRT	0.0184	0.0096	0.006	0.0035	0.0048	0.0062
MGMPFM	0.0053	0.0027	0.0017	0.00072	0.0012	0.0018
SAE-NAD	0.0319	0.0344	0.0387	0.0218	0.0223	0.0208
DeepPIM	0.1004	0.0515	0.0292	0.0134	0.0163	0.0184
DeepPIM-P	0.2184	0.1172	0.0761	0.045	0.0371	0.029
HAM-POIRec	**0.2256****	**0.1209****	**0.0786****	**0.046****	**0.0376***	**0.0294***

* 和 ** 分别表示与最优对比方法相比有 $p < 0.05$ 和 $p < 0.01$ 的差异性显著。

尽管 HAM-POIRec 和 DeepPIM 方法都使用了基于注意力机制的神经网络来处理非结构化数据和结构化数据，但 HAM-POIRec 方法采用了"局部-整体"注意力机制，并通过"用户-POI"匹配度来微调 POI 推荐。因此，HAM-POIRec 方法的推荐性能上达到了最优。这一点进一步证明了 HAM-POIRec 方法在提升 POI 推荐性能方面的优势。

如表 4.6 所示，在针对重度用户的环境测试中，当评价指标仅侧重于推荐准确率而不考虑 POI 列表的访问顺序时，IoU 值的测试结果显示：SAE-NAD 方法略优于基于非结构化数据的 HAM-POIRec 和 DeepPIM 方法。然而，当评价指标注重 POI 访问顺序的 MAP 值时，HAM-POIRec 方法的推荐效果显著优于 SAE-NAD 和 DeepPIM 方法。这表明，在拥有丰富结构化数据的情况下，"局部-整体"注意力机制能够预测更多的 POI，但如果目标是精确预测 POI 列表的访问序列，则需要从非结构化数据中提取更多的辅助信息。

因此，除单纯提高非结构化数据的利用率外，如何设计有效的综合方法以从非结构化数据中挖掘更有价值的辅助信息，仍然是未来研究的正确方向。

图 4.13 和图 4.14 展示了在新用户冷启动环境下 POI 推荐性能的评估结果。可以明显观察到，在数据高度稀疏的条件下，基于结构化数据的 POI 推荐方法的性能显著下降，尤其是在数据稀疏至 0.001 级别时，这些方法几乎完全失效。然

而，HAM-POIRec 和 DeepPIM 方法的推荐效果仍保持在可接受范围内，这表明非结构化数据在冷启动环境下对于 POI 推荐具有显著的帮助。在新用户冷启动的场景中，HAM-POIRec 方法的推荐性能明显优于其他方法，其中 HAM-POIRec 方法的 MAP@5 值从 DeepPIM 方法的 0.0004 提升至 0.007。这一结果表明，层次化的注意力机制能够同时考虑单个特征、组合特征以及整体特征，从而提升结构化数据的利用率。

表 4.6   重度用户环境下性能评测（yelp-h 数据集）

方法	MAP@5	MAP@10	MAP@20	IoU@5	IoU@10	IoU@20
LRT	0.0659	0.0329	0.0165	0.0023	0.0045	0.0071
MGMPFM	0.0247	0.0124	0.0062	0.0016	0.0025	0.0032
SAE-NAD	0.0671	0.0457	0.0438	0.0341^{**}	0.046^{**}	0.0548^{**}
DeepPIM	0.1877	0.0938	0.0469	0.0060	0.0098	0.0149
DeepPIM-P	0.1912	0.0956	0.0478	0.0061	0.0099	0.0151
HAM-POIRec	**0.2699^{*}**	**0.1349^{*}**	**0.0673^{*}**	**0.0159**	**0.0169**	**0.018**

* 和 ** 分别表示与最优对比方法相比有 $p < 0.05$ 和 $p < 0.01$ 的差异性显著。

此外，从文本中提取的"用户-POI"匹配度有效地挖掘了非结构化数据中的更多隐含信息。因此，结合"局部-整体"注意力机制与"用户-POI"匹配度的方法能够在一定程度上缓解数据稀疏问题，进而提升推荐效果。

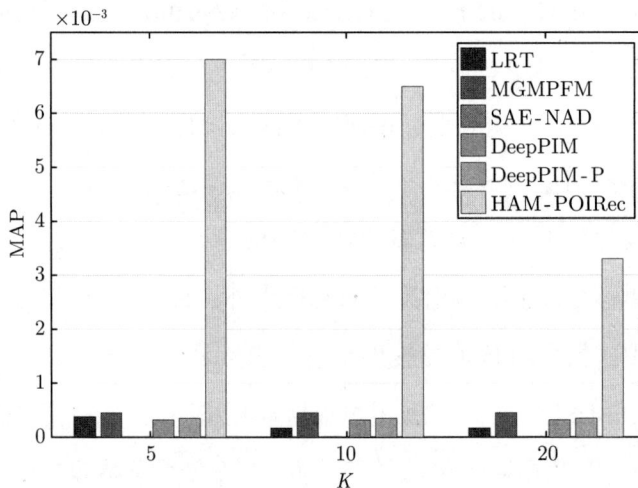

图 4.13   冷启动环境（yelp-c 数据集）下性能评测（MAP 指标）

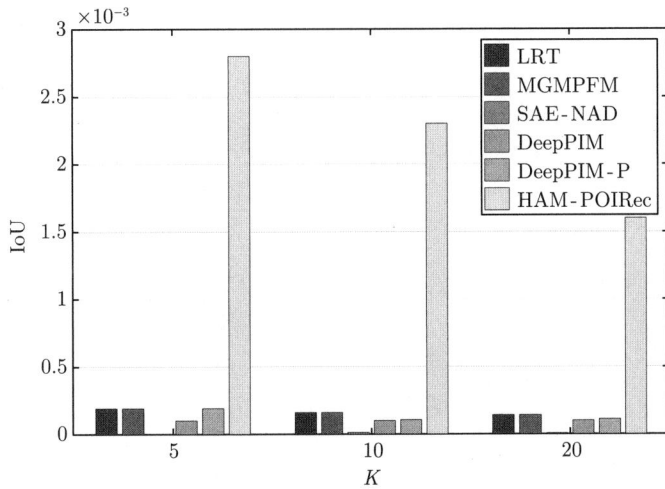

图 4.14　冷启动环境（yelp-c 数据集）下性能评测（IoU 指标）

4.5　本章小结

本章旨在解决 POI 推荐领域所面临的问题，如地理距离的影响、POI 访问数据的稀疏、用户偏好的时间依赖以及社会关系的影响等，提出了一种基于 "局部-整体" 注意力机制的 POI 推荐方法。

首先，该方法整合了来自 Yelp 平台的结构化和非结构化数据，并据此引入了显式特征和隐式特征的概念。指导了模型根据不同的数据类型设计相应的计算组件。其次，本章提出了 "局部-整体" 注意力机制，该机制能够从单一特征、组合特征以及整体特征中提取出重要的贡献度信息和更多隐含信息。最后，本章在 POI 推荐领域首次结合 NLP 技术，通过文本相似度来提取 "用户-POI" 匹配度，以优化 POI 推荐效果。

实验结果表明，本章提出的方法在处理大规模数据集、冷启动数据集和重度用户数据集时，均优于其他方法。该方法能够更有效地缓解数据过载问题，并挖掘更多的长尾项目。

第 5 章　基于层次注意力和增强经验优先回放机制的深度强化学习推荐方法

基于深度学习的混合推荐方法是当前推荐系统领域的一个前沿研究方向。这些方法通过深度学习模型来提取用户和项目潜在的隐藏特征，并与传统的推荐技术如因子分解机和矩阵分解相结合，以便在这些隐藏特征的基础上进行个性化推荐。尽管这些基于深度学习的混合推荐方法能显著提升推荐系统的性能，但它们仍然面临一些挑战[29,30,68]：

（1）监督学习模型过度依赖历史数据，倾向于为用户推荐热门项目，使系统难以挖掘优质的长尾项目，如冷门精品或受欢迎的小众产品；

（2）在一些新领域或新系统中，收集大量有效的标注数据存在困难，这导致在新用户或新项目的推荐中遇到更严重的冷启动问题；

（3）监督学习模型通常将推荐过程视为静态的，无法实时响应用户兴趣和环境的变化；

（4）依赖历史数据的模型不易应对新项目（如新用户）的不断加入和环境的变化。

为了应对推荐系统中的这些挑战，核心在于发展出既能减少对标注数据的依赖，又能适应环境动态变化的模型。

幸运的是，强化学习（Reinforcement Learning，RL）模型因其能够在与环境的"试错"交互中学习最优策略，展现出解决上述问题的潜力[30,66,68]。然而，传统的 RL 模型通常只适用于处理低维问题，缺乏可拓展性，这限制了它们在推荐系统中的应用[111]。近年来，结合了深度学习和强化学习的深度强化学习（DRL）方法应运而生。DRI 利用深度学习（DL）提取高维特征，使其能够在高维状态空间和动作空间中有效解决序列决策问题。例如，DQN（Deep Q-Network）利用卷积神经网络（CNN）对复杂游戏界面进行高阶特征提取，从而能够处理大规模的状态空间 [34]；而 Dueling Network 通过引入神经网络的优势函数来扩展 DQN，提高了其稳定性 [112]。因此，DRL 已成功应用于围棋、自动驾驶、对话系统等多个领域 [36]。然而，在推荐系统中，由于用户和产品数量庞大，且项目列表存在严重的稀疏性问题，经典的 DRL 方法在处理大规模用户状态和项目列表时性能会显著下降，这使得直接将 DRL 应用于推荐系统面临挑战。因此，如何应对这些挑战并充分利用 DRL 的优势，仍然是推荐领域的一个重要研究方向。

针对 DRL 在推荐领域所面临的问题，研究人员已经在网络结构、训练模型和策略优化等多个方面对 DRL 进行了改进，使其能够在推荐系统中得到有效应用 [29,30,68]。然而，推荐系统仍然需要应对新项目不断加入、用户偏好变化和用户状态不断演变等挑战。因此，如何构建智能代理（Agent）以最大化每个用户对互联网平台的长期满意度，仍然是一个充满挑战的课题。

此外，传统的 DRL 应用可以通过自我对弈和模拟环境来收集大量的训练数据，从而解决数据效率问题。相比之下，推荐系统的复杂性在于它无法从未探索的用户状态和项目列表（在 DRL 中称为动作空间）中获得有效的反馈，这直接应用经典的 DRL 方法来解决推荐问题变得困难。

因此，考虑到提高高价值历史经验的利用率，并从用户状态或项目信息中挖掘更多隐藏特征，本章受第 3 章和第 4 章中不同粒度的注意力机制启发，在行动者-评论家（Actor-Critic）架构的基础上，提出了一种基于层次注意力和增强经验优先回放机制的深度强化学习推荐方法。该方法一方面提出了一种基于层次注意力机制的行动者（Actor）网络，旨在挖掘更多用户状态的辅助信息，从而生成更精确的项目列表；另一方面，提出了一种增强经验优先回放机制，在缓解过拟合的同时，有效地学习解决动作空间过大的推荐模型。本章的主要创新点归纳如下：

- 针对传统注意力机制只关注单一特征，容易忽视组合特征和整体特征的问题，本章提出了一种基于层次注意力机制的 Actor 网络。该网络在用户（或项目）状态的局部特征与整体特征（包括组合特征）中，从多个角度挖掘其所蕴含的辅助信息及其对推荐结果的不同贡献度，进而通过挖掘更多隐藏特征的方式，生成更精确的动作空间，从而解决了 DRL 中动作空间过大的问题。

- 为了解决现有经验回放机制忽视经验重要性差异以及样本数据不均衡的问题，本章提出了一种增强经验优先回放机制。该机制不仅重用历史经验，还考虑了经验重要性的不同，采用先采样重要经验，再逐步恢复符合实际分布的经验的方式，极大地提升了重要经验的利用率，从而最大限度地拟合出可用模型。此方法不仅能够缓解过拟合问题，还有效解决了 DRL 中样本不均衡、难以收敛和学习效率低的问题。

- 基于深度确定性策略梯度（Deep Deterministic Policy Gradient，DDPG）网络结构，本章融合了基于层次注意力机制的 Actor 网络、构建的评论家（Critic）网络以及增强经验优先回放机制，提出了一种不依赖标注数据等信息的深度强化学习推荐方法。该方法加快了模型训练速度，并确保了训练的收敛性，有效缓解了推荐领域的冷启动问题，并实现了实时响应环境变化的个性化推荐。

- 在淘宝网公开的 VirtualTaobao 在线仿真平台上进行了对比实验，结果表明，HEDRL-Rec 方法在与环境实时交互的场景中表现出更好的稳定性和可用性。该方法通过不依赖标注数据的方式，成功实现了能够为用户挖掘优质长尾项目的实时个性化推荐。推荐回报率相比 ILRD、TD3 和 BCQ 方法分别提高了 10.8%、1.8% 和 33.4%。

5.1　深度强化学习推荐问题的形式化分析

本章将推荐引擎视为商品或资讯等互联网平台中的智能体（Agent）。该智能体能够识别并理解用户的状态，并依据用户的状态以及他们提供的实时反馈进行智能计算，从而向用户推荐他们可能感兴趣的项目列表。如图 5.1 所示，当用户访问互联网平台时，Agent 会监测用户的状态，并提供一个初始的项目列表（如第 1 页）。用户将根据此列表执行点击、购买或忽略等反馈动作。Agent 会根据用户状态和反馈的持续变化不断优化推荐策略，以提供更精准的项目列表（从第 2 页到第 N 页）。

为了更清晰地描述，以下是相关的定义、符号和问题的描述。

定义 1：设每个用户的状态特征为 s，则有 $s = \{x_1, x_2, \cdots, x_i, x'_1, x'_2, \cdots, x'_j\}$。其中，$x_i$ 代表用户的静态属性状态特征，下标 $1, 2, \cdots, i$ 分别代表年龄、性别等静态属性；x'_j 表示用户的动态属性状态特征，下标 $1, 2, \cdots, j$ 代表浏览历史等动态属性。

定义 2：设每个项目的状态特征为 a，则有 $a = \{y_1, y_2, \cdots, y_k\}$（在 DRL 中，项目也被称作动作）。其中，$y_k$ 表示项目不同属性的状态特征，下标 $1, 2, \cdots, k$ 分别表示价格、效率和点击率等属性。

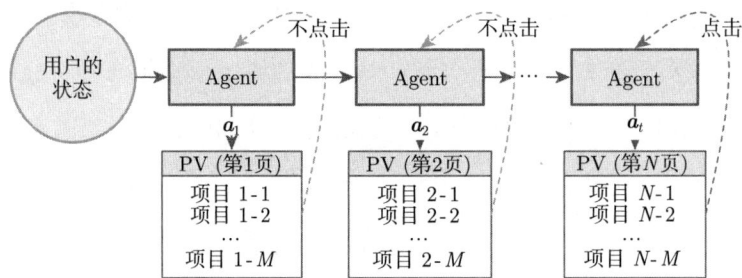

图 5.1　商品或者资讯等推荐的应用场景

问题描述：本章通过构建 Agent 实现不依赖人工标注数据的实时推荐，而构建 Agent 的核心就是构建一个从 s 到 a 之间的映射关系：

$$f : s \rightarrow a \tag{5.1}$$

本章的目标就是使用 DRL 拟合映射关系 f。

5.2　系 统 模 型

本章旨在提出一种不依赖人工标注数据的推荐方法。强化学习（RL）模型[34]能够从无标注的训练样本中，通过接收某种反馈信号（瞬时回报），学习并发现数据中隐含的结构性信息，从而习得一个最大化累积回报的"状态-动作"映射函数。作为一种不依赖人工标注数据的模型，RL 已在机器人控制、无人驾驶、游戏和金融等多个领域发挥了重要作用。如果将 RL 模型应用于推荐系统，可以将用户视为环境，推荐引擎视为 Agent，并通过拟合映射关系 f 来构建 Agent，为用户（环境）生成推荐项目，最终形成马尔可夫决策过程（Markov Decision Process, MDP）。在尝试利用 RL 模型构建推荐方法之前，本章将 RL 模型形成的 MDP 过程表示为元组 $\langle S, A, P, R, \gamma \rangle$。

- S 为状态空间，包含 Agent 所能感知到的所有用户（环境）的状态。其中，用户状态 s 属于是集合 S 中的一个元素。

- A 为动作空间（本章中指项目列表，下文统称为动作空间），包含 Agent 在每个状态 s 上可以采取的所有动作（所有推荐项目）。其中，项目（动作）a 是集合 A 中的一个元素。

- P 为环境的状态转移函数（State Transition Function），$P(s, a, s')$ 表示 Agent 在状态 s 时执行动作 a 并转移到状态 s' 时的概率。

- R 为奖赏函数（Reward Function），$R(s, a, s')$ 表示 Agent 在状态 s 时执行动作 a 并转移到状态 s' 时，从环境中获得的回报值。

- $\gamma \in [0, 1]$ 为折扣因子，它是衡量长期回报的一个超参数。当 $\gamma = 0$ 时，仅考虑最大瞬时回报；当 $\gamma = 1$ 时，则认为长期回报和瞬时回报同等重要。

在众多互联网平台中，推荐系统本质上是用户与系统之间不断进行的交互过程，这一过程可以被形式化为由多个时间迭代组成的马尔可夫决策过程。具体来说，在每个时间迭代中，Agent 根据用户的状态 $s \in S$ 生成推荐动作 $a \in A$（其中 a 代表单个项目，而 A 是一个页面上展示多个项目的集合；为了简洁起见，后续将以单个项目为例进行说明）。随后，用户对 a 进行反馈，如点击或不点击，导致用户的状态由 s 变为新的状态 s'。在随后的时间迭代中，Agent 将基于 s' 生成新的动作 a'，经过多次迭代交互，直至用户点击某个项目，完成一次迭代交互。

然而，包括 Q-learning[113] 和部分可观测可尔科夫决策过程（POMDP）[114] 在内的 RL 模型属于有模型的强化学习方法，尽管其应用广泛，但由于受到存储

Q-Value 表容量的限制，主要适用于处理低维特征空间的问题。而 DRL 模型作为一种无模型的强化学习方法 [36]，虽然能够在不存储 Q-Value 表和不估计转移概率的情况下，利用非线性的深 DL 模型来近似估计 RL 模型中的动作值函数，从而有效处理高维特征空间。但在推荐系统领域，DRL 模型仍然面临着一些挑战，这些挑战包括但不限于用户和项目数量庞大且动态变化、动作空间高度离散、环境交互反馈极度稀疏以及推荐响应时间的限制等问题。

为了应对上述挑战，本章在集成了值函数估计方法和策略搜索方法的深度强化学习框架（DRL）——Actor-Critic 架构 [115] 的基础上，提出了一种基于层次注意力机制和增强经验优先回放机制的深度强化学习方法（Deep Reinforcement Learning-enabled Recommendation based on Hierarchical attention and Enhanced priority experience replay, HEDRL-Rec）。HEDRL-Rec 方法的基础架构如图 5.2 所示。首先，Actor 网络根据用户状态生成动作空间，即实现映射关系 $S \to A = \{a_1, a_2, \cdots, a_M\}$，其中 M 为一个推荐页面的项目数量；其次，利用奥恩斯坦-乌伦贝克（Ornstein-Uhlenbeck，OU）过程作为噪声，对映射关系 $s \to a$ 的拟合参数进行扰动，以产生历史未出现过的新动作 a'；紧接着，新动作 a' 从线上环境中获得回报（实际期望）；最后，Critic 网络使用历史"状态-动作"对来训练模型，以估计当前状态 s 下采取动作 a 的回报（预测期望），并根据预期期望和实际期望的 TD（Temporal Difference）误差更新 Actor 网络，同时使用策略梯度（Policy

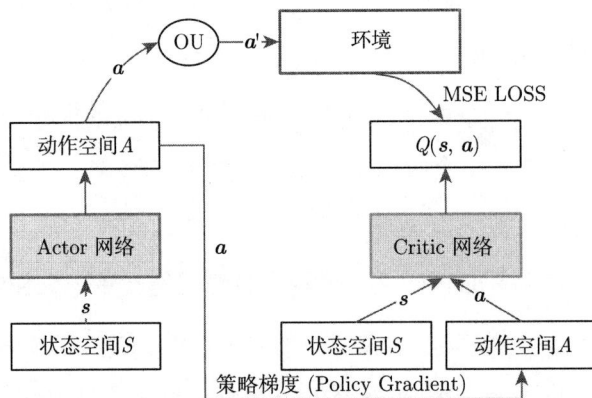

图 5.2   HEDRL-Rec 方法的基础架构

Gradient）根据累积回报的均方差损失（MSE LOSS）更新 Critic 网络。Critic 网络采用经验回放机制来存储和采样历史"状态-动作"对。

得益于 HEDRL-Rec 架构的灵活性和可拓展性，本章进一步提出了基于层次注意力机制的 Actor 网络、基于 DQN 的 Critic 神经网络，并引入了增强经验优先回放机制。这些创新从不同角度解决了 DRL 模型在推荐系统领域面临的多个问题。

5.2.1　基于层次注意力的行动者网络模型

针对 DRL 模型在推荐系统领域中无法有效处理大规模和连续动作空间的问题，本章提出了一种基于无模型强化学习的 Actor 神经网络框架，该框架利用层次注意力机制来处理高维特性，并生成（选择）更精确的动作，同时增强了神经网络的可解释性。如图 5.3 所示，该框架主要包括用户状态生成模型（输入层和嵌入层）、CNN 层、层次注意力层（包括局部注意力机制和全局注意力机制）以及输出 GRU 层（动作预测器）。

1. 用户状态生成模型

在 DRL 模型训练过程中，Agent 与环境的持续交互形成了时间迭代序列。本章将时间迭代序列定义为 $t = \{t_1, t_2, t_3, \cdots\}$。则如定义 1 所示的用户状态可以细化为 $\boldsymbol{s}_t = \{\boldsymbol{x}_{t:i}, \boldsymbol{x'}_{t:j}\}$。

由于神经网络无法直接处理原始数据，所以需要将原始数据向量化为数值型数据。因此，本章使用独热（One-Hot）编码将原始数据向量化。其中，One-Hot 编码是将分类变量表示为二进制向量的方法，索引位为 1，其他位都为 0。则有每个元素 $\boldsymbol{x}_{t:i}$ 表示如下：

$$\boldsymbol{x}_{t:i} = R^{|\boldsymbol{V}| \times 1} \tag{5.2}$$

其中，$|\boldsymbol{V}|$ 表示元素 $\boldsymbol{x}_{t:i}$ 的类别数量，即数值个数为 $|\boldsymbol{V}|$。例如，将用户喜好程度分为极度喜欢、喜欢、一般、不喜欢和极度不喜欢 5 种类型，分别用 5、4、3、2、1 表示，如果当前的值是"一般"，那么 One-Hot 编码为 00100。就整体而言，考虑了所有子特征的映射函数如下：

$$g : \boldsymbol{s}_t \rightarrow \boldsymbol{E}_t \tag{5.3}$$

其中，E_t 为最终向量化的数值型数据。

此外，如果子特征当中有非结构化的文本数据，则使用 Word2Vec 编码 [116] 进行数值化表示后，再合并到 E_t 当中。

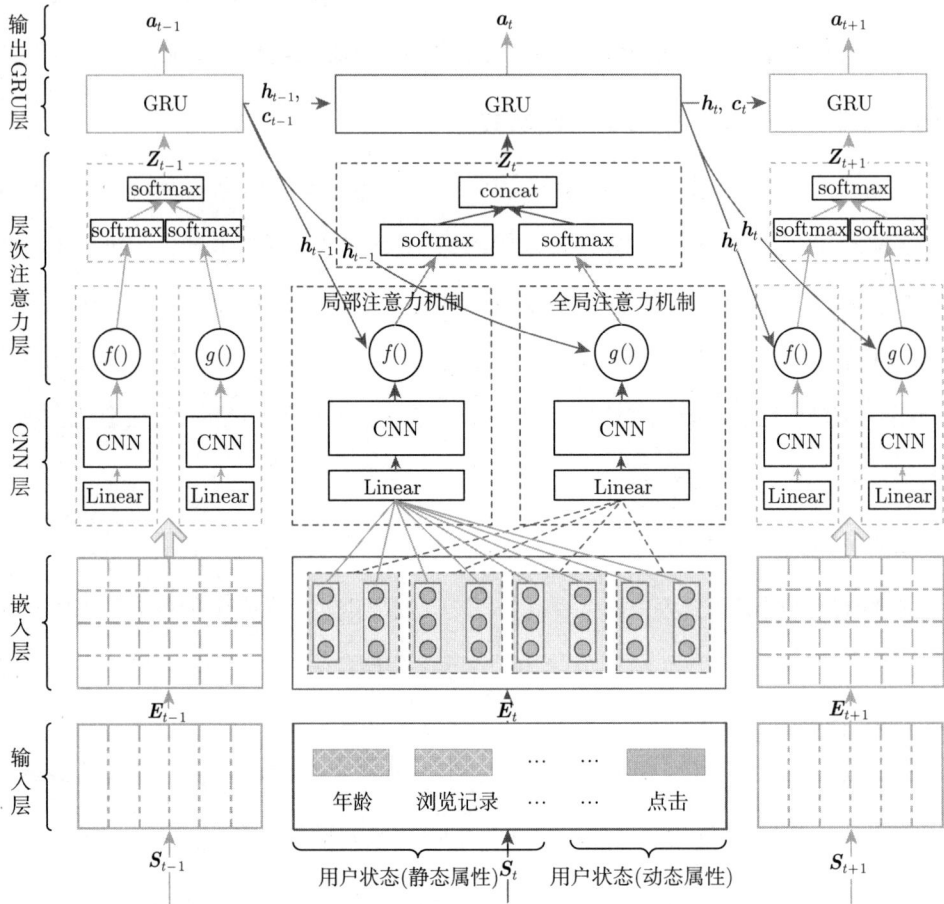

图 5.3   Actor 神经网络框架

2. 层次注意力机制

本章观察到，在用户或项目的不同属性中，其重要性并非均等。例如，在进行美食推荐时，餐厅的所在地属性可能比用户的饮食偏好属性更为重要。此外，各个属性之间（或属性的组合）可能存在相互作用，由多个属性组合成的整体属性可能具有独特的意义，并且这种意义可能会随着环境的变化而变化。例如，一个通常不喜欢早起的用户可能会放弃仅提供早餐的美食店，即使他非常喜欢那里的美食（这是属性组合产生的影响）；但如果某天他需要早起，他则可能会选择该美食店（这是整体属性影响的一个例子）。因此，本章提出了一种层次注意力机制，用于挖掘用户（或项目）状态中的局部特征和整体特征（包括组合特征）所包含的辅助信息，并评估这些特征对推荐的不同贡献度。该机制在提升模型可解释性的同时，能够获取更多的辅助信息，从而生成更精准的动作空间。

CNN 通过使用不同尺寸的卷积核实现了多粒度的特征提取，而 GRU 能够捕获时间序列上的历史特征，并根据环境状态的变化感知特征的动态变化[117]。CNN 擅长提取高精度的特征，但在记忆历史特征方面存在不足；相对地，GRU 虽然能够记忆历史特征，但在特征提取的精度上不如 CNN。由于实时推荐系统通常不依赖标注数据，需要经过多次交互进行序列化处理。因此，本章结合了这两种神经网络的优点，提出了层次注意力机制。该机制既能通过 CNN 实现更高精度的特征提取，又能利用 GRU 的隐状态来记忆历史特征。

在应用层次注意力机制运算之前，为了将 E_t 中不同属性的特征向量映射到统一的空间以减少数据运算误差，本章采用了如下的线性映射函数对 E_t 进行预处理：

$$E'_t = E_t A^{\mathrm{T}} + b \tag{5.4}$$

其中，E'_t 为映射后的特征向量，矩阵 A 为可学习的权重参数、b 为可训练的偏置参数。

1）局部注意力机制

为了在局部注意力处理过程中尽可能多地从局部提取特征，本章设定卷积核的大小为 $k = (m, 1), m \in \mathbb{Z}^+$（$\mathbb{Z}^+$ 表示正整数集合）。这意味着我们将在每个特征（每一列）上以最细粒度提取用户（或项目）的表达特征。具体的卷积操作如下所示：

$$f_{\mathrm{out}}\left(E'_{t:i}, C_{\mathrm{out}}\right) = f_b\left(C_{\mathrm{out}}\right) + \sum_{m=1}^{C_{\mathrm{in}}-1} f_w\left(C_{\mathrm{out}}, (m, 1)\right) * f_{\mathrm{in}}\left(E'_{t:i}, (m, 1)\right) \tag{5.5}$$

其中，运算符 $*$ 表示二维互相关操作（2D cross-correlation），C_{in} 是输入频道的

数量，C_{out} 是输出频道的数量，$f_b()$ 是偏置函数，$f_w()$ 是权重函数，$f_{\text{in}}()$ 是输入预处理函数，E'_t 是由用户的 i 个特征组成的向量，且 $E'_{t:i} \in E'_t$。

经过非线性激活函数（ReLU）[118] 处理后，得到最终的丰富细粒度局部特征，如下所示：

$$C'_{t:i} = \text{ReLU}\left(f_{\text{out}}(E'_{t:i}, C_{\text{out}})W_0 + b_0\right) \tag{5.6}$$

其中，C'_t 是从 E'_t 中提取的局部特征，且 $C'_{t:i} \in C'^l_t$，W_0 和 b_0 是可学习的网络参数。

注意力权重不仅要考虑当前提取的局部特征 C'_t，也要考虑上一时间段的 GRU 的隐藏特征 h^l_{t-1}。因此，如图 5.3 所示，我们首先使用加性模型计算当前局部特征 C'_t 和上一时间段的 GRU 的隐藏特征 h^l_{t-1} 的贡献度 $d^l_{t:i}$，过程如下：

$$d^l_{t:i} = V^{\text{T}}_l \tanh\left(W_l h^l_{t-1:i} + U_l C'_{t:i} + b_l\right) \tag{5.7}$$

其中，$\tanh()$ 是非线性激活函数 [117]，V_l、W_l、U_l、b_l 是可训练的神经网络参数。

然后，使用 softmax 函数 [117] 对该贡献度 $d^l_{t:i}$ 进行映射之后，得到不同属性特征被选择的概率分布（注意力权重）$\alpha^l_{t:i}$，如下所示：

$$\alpha^l_{t:i} = \frac{\exp\left(d^l_{t:i}\right)}{\sum\limits_{i=0}^{k} \exp\left(d^l_{t:i}\right)}, 1 \leqslant i \leqslant k \tag{5.8}$$

其中，特征个数 k 为 C'_t 的维度。

最后，在使用软性的信息选择机制对信息进行汇总之后得到带注意力权重的局部特征向量 C^l_t：

$$C^l_t = \sum_{i=0}^{k} \alpha^l_{t:i} \cdot C'_{t:i} \tag{5.9}$$

其中，运算符 $\cdot$ 表示向量相乘操作。

2）全局注意力机制

为了挖掘组合特征和整体特征中隐含的信息以及它们对预测结果的重要程度（贡献度），本章采用了粗粒度的 CNN 来提取全局特征（含组合特征）。在这个过程中，首先设置卷积核的大小为 $k = (m,n), m \in \mathbb{Z}^+, n \geqslant 2$，这样做的目的是在每次迭代中扫描多列（多个用户属性），从而实现将低维全局向量空间（含组合向量空间）映射到高维空间的操作。具体过程如下：

$$f_{\text{out}}(\boldsymbol{E}''_{t:j}, C_{\text{out}}) = f_b(C_{\text{out}}) + \sum_{m=1}^{C_{\text{in}}-1} \sum_{n=2}^{C_{\text{in}}-1} f_w(C_{\text{out}}, (m,n)) * f_{\text{in}}(\boldsymbol{E}''_{t:j}, (m,n)) \quad (5.10)$$

其中，$\boldsymbol{E}''_t$ 是由用户的 j 个特征组合所组成的向量，且 $\boldsymbol{E}''_{t:j} \in \boldsymbol{E}''_t$。

随后，使用非线性激活函数（ReLU）对 $\boldsymbol{E}''_t$ 进行运算得到如下所示的全局特征（含组合特征）$\boldsymbol{C}''_{t:i}$：

$$\boldsymbol{C}''_{t:j} = \text{ReLU}\left(f_{\text{out}}(\boldsymbol{E}''_{t:j}, C_{\text{out}})\boldsymbol{W}_1 + \boldsymbol{b}_1\right) \quad (5.11)$$

其中，$\boldsymbol{W}_1$ 和 $\boldsymbol{b}_1$ 是可学习的网络参数。

与局部注意力机制同理，全局注意力机制为了考虑特征的长期影响以适应环境的变化，把 GRU 上一时刻的隐藏特征 $\boldsymbol{h}^g_{t-1}$ 引入全局注意力的计算过程中。即使用 $\boldsymbol{h}^g_{t-1}$ 和全局特征 $\boldsymbol{C}''_t$（含组合特征）一起计算全局特征（含组合特征）的贡献度 $\boldsymbol{d}^g_{t:j}$，计算过程如下所示：

$$\boldsymbol{d}^g_{t:j} = \boldsymbol{V}^{\text{T}}_g \tanh\left(\boldsymbol{W}_g \boldsymbol{h}^g_{t-1:i} + \boldsymbol{U}_g \boldsymbol{C}''_{t:i} + \boldsymbol{b}_g\right) \quad (5.12)$$

其中，$\boldsymbol{V}_g$、$\boldsymbol{W}_g$、$\boldsymbol{U}_g$、$\boldsymbol{b}_g$ 是可训练的神经网络参数。

进一步归一化 $\boldsymbol{d}^g_{t:j}$ 之后，得到整体属性（含组合属性）特征被选择的概率分布（注意力权重）$\boldsymbol{\alpha}^g_{t:j}$，如下所示：

$$\boldsymbol{\alpha}^g_{t:j} = \frac{\exp\left(\boldsymbol{d}^g_{t:j}\right)}{\sum\limits_{j=0}^{k} \exp\left(\boldsymbol{d}^g_{t:j}\right)}, 1 \leqslant j \leqslant q \quad (5.13)$$

其中，特征个数 q 为组合特征的维度。

最后，使用软性的信息选择机制对信息进行汇总，得到带注意力权重的全局特征向量（含组合特征向量）$\boldsymbol{C}^g_t$，如下所示：

$$\boldsymbol{C}^g_t = \sum_{j=0}^{q} \boldsymbol{\alpha}^g_{t:j} \cdot \boldsymbol{C}''_{t:j} \quad (5.14)$$

为了提升后续预测器的预测精度以及解决模型数据容易产生欠拟合的问题，本章使用 softmax 函数将不确定范围的特征值归一化到区间 $[0,1]$，即将含局部注意力权重的局部特征 C_t^l 以及含全局（组合）注意力权重的全局（组合）特征 C_t^g 合并成最终的整体特征 F_t，如下所示：

$$F_t = \mathrm{softmax}\left(C_t^l\right) \oplus \mathrm{softmax}\left(C_t^g\right) \tag{5.15}$$

其中，运算符 $\oplus$ 表示特征向量拼接操作。

3. 动作预测器

在层次注意力机制中，为了从稀疏数据中提取用户和项目更多的辅助信息，本章采用了精度更高的 CNN 作为特征提取模型。为了弥补 CNN 在序列特征提取方面的不足，本章在 GRU 的基础上，融合了全连接层和 tanh 分类函数，构建了动作预测器。在这个模型中，GRU 神经网络不仅辅助整体特征 F_t 提取注意力权重，还学习到预测规则；全连接层将挖掘到的分布式表示的预测规则映射到样本标记空间；tanh 函数作为分类函数，完成最终的动作预测。

已知 h_{t-1} 为 GRU 前一时刻的隐藏状态，设 $\tilde{h}_t$ 为当前时刻的候选状态。GUR 使用更新门 $z \in [0,1]$ 来控制当前状态需要从历史状态 h_{t-1} 中保留多少信息，以及需要从候选状态 $\tilde{h}_t$ 中接收多少新信息：

$$z_t = \sigma\left(W_z F_t + U_z h_{t-1} + b_z\right) \tag{5.16}$$

其中，$\sigma(\cdot)$ 为逻辑回归函数，且 $\sigma(\cdot) \triangleq \dfrac{1}{1 + \exp(\cdot)}$，其输出区间为 $[0,1]$；W_z、U_z 和 b_z 是神经网络的参数。

此外，GRU 使用重置门 $r_t \in [0,1]$ 决定 $\tilde{h}_t$ 的计算是否依赖于 h_{t-1}：

$$r_t = \sigma\left(W_r F_t + U_r h_{t-1} + b_r\right) \tag{5.17}$$

其中，W_r、U_r 和 b_r 是神经网络的参数，$\tilde{h}_t$ 的计算过程如下：

$$\tilde{h}_t = \tanh\left(W_h F_t + U_h\left(r_t \odot h_{t-1}\right) + b_h\right) \tag{5.18}$$

其中，运算符 $\odot$ 为向量元素乘积，$\boldsymbol{W}_h$、$\boldsymbol{U}_h$ 和 $\boldsymbol{b}_h$ 是神经网络的参数。当前隐藏状态 $\boldsymbol{h}_t$ 更新过程如下：

$$\boldsymbol{h}_t = \boldsymbol{z}_t \odot \boldsymbol{h}_{t-1} + (1 - \boldsymbol{z}_t) \odot \tilde{\boldsymbol{h}}_t \tag{5.19}$$

为了消除不同量纲单位对数据分析结果的影响，我们采用了层归一化 (Layer Normalization, LN) 方法 [119] 对当前 GRU 的隐藏状态 $\boldsymbol{h}_t$ 进行标准化处理。这种方法能够在保留特征信息的同时，加快梯度下降法求最优解的过程，并提高模型训练的精度。GRU 当前 (t) 的输入 $\boldsymbol{F}'_t$ 为上一时刻 $(t-1)$ 的隐藏状态 $\boldsymbol{h}_{t-1}$ 和当前的特征 $\boldsymbol{F}_t$，所以有：

$$\boldsymbol{F}'_t = \boldsymbol{W}_{hh}\boldsymbol{h}_{t-1} + \boldsymbol{W}_{fh}\boldsymbol{F}_t \tag{5.20}$$

其中，$\boldsymbol{W}_{hh}$ 和 $\boldsymbol{W}_{fh}$ 为可训练的网络参数。

假设 LN 的归一化统计量为 μ_t 和 σ_t，则归一化过程为：

$$\mu_t = \frac{1}{H} \sum_{p=0}^{H} h_{t:p} \tag{5.21}$$

$$\sigma_t = \sqrt{\frac{1}{H} \sum_{p=0}^{H} (h_{t:p} - \lambda)^2} \tag{5.22}$$

其中，H 为神经网络的神经元数量，$h_{t:p}$ 为隐藏状态 $\boldsymbol{h}_t$ 的第 p 个神经元。

此外，为了不破坏之前神经网络的信息，LN 做了如下处理：

$$\boldsymbol{h}'_t = f\left(\frac{\boldsymbol{g}}{\sqrt{(\sigma_t)^2 + \varepsilon}} \odot (\boldsymbol{F}'_t - \boldsymbol{\mu}_t) + \boldsymbol{b}\right) \tag{5.23}$$

其中，$f(\cdot)$ 为激活函数，ε 为防止除数为 0 的一个极小的数；$\boldsymbol{g}$ 和 $\boldsymbol{b}$ 分别为增益和偏置，为超参数。

最后，我们使用全连接运算和 tanh 函数将 GRU 习得的预测规则映射到样本标记空间并完成动作 $\boldsymbol{a}_t$ 的预测，如下所示：

$$\boldsymbol{a}_t = \tanh\left(\boldsymbol{W}_a\boldsymbol{h}'_t + \boldsymbol{b}_a\right) \tag{5.24}$$

其中，$\boldsymbol{W}_a$ 和 $\boldsymbol{b}_a$ 为可训练的网络参数。

5.2.2　基于深度 Q 学习的评论家网络模型

Critic 网络用于更新 Actor 网络，是 HEDRL-Rec 方法在不依赖人工标注数据的环境中习得可用模型的关键。本章引入 DQN 方法[34] 来构建 Critic 网络，并通过单步更新的方式实现 HEDRL-Rec 方法的快速学习更新。

一方面，Critic 网络通过贝尔曼方程（Bellman Equation）计算状态 s' 生成动作 a' 的累积回报（预期期望）函数 $Q(s, a)$：

$$Q(s, a) = E_{s'}[r + \gamma Q(s', a') | s, a] \tag{5.25}$$

其中，r 为上一个时间迭代的总回报值，$E_{s'}$ 是期望。Critic 网络使用梯度策略，通过最小化累积回报的 MSE 损失函数来更新网络参数：

$$\mathcal{L} = E\left[\left\| \left(r + \gamma \max_{a'} Q(s', a') \right) - Q(s, a) \right\|^2 \right] \tag{5.26}$$

其中，$Q(s', a')$ 为当前迭代的累积回报，$Q(s, a)$ 为上一迭代的累积回报，γ 是折扣因子，r 是累积回报。

另一方面，针对数据稀疏和在连续样本中学习效率低的问题，Critic 网络提出了经验回放机制[34]。该机制通过收集和复用历史数据解决了数据稀疏问题，并使用随机抽样的方式打破数据之间的关联性，从而减少训练过程中的方差。尽管如此，这一机制在推荐系统领域仍存在一定的挑战。我们将在下一章中提出一种新的经验回放机制。

5.2.3　增强经验优先回放机制

经验回放机制在处理经验时，未能充分考虑经验的重要性差异以及样本数据的不均衡性（如未推荐过和未点击的项目数量远多于已点击的项目）。此外，经验回放机制在时间成本与有效性之间也难以实现良好的平衡。为了解决这些问题，本章提出了一种增强优先记忆回放机制，该机制主要包括以下两个策略。

策略一：差异化经验存储模型。 提升高回报经验的利用率是缓解样本不均衡问题的有效途径，并能保证模型的拟合性。然而，通过人工干预数据采样的过度抽样方式可能导致模型出现过拟合现象。因此，本章提出了差异化经验存储模型：在模型训练初期增加高回报项目经验的采样比例，随着迭代次数的增加，逐步降低高回报项目经验的采样比例，最终在某个迭代节点中进行无差别采样，存储符合实际分布的经验。这种方法既能缓解样本不均衡的问题，又能避免过拟合现象。

针对回报为 0（未被点击）的经验数量远高于回报为非零的经验数量，本章提出如式 (5.27) 所示的函数，用于构建差异化存储经验的模型。该模型可以实现：在训练初期以极低的概率选择回报为 0 的经验，随后逐步提升选择回报为正的经验的概率，直到某个时间点进行无差别存储所有经验。

$$p_t = \frac{1}{1 + e^{-\frac{t}{R} \times u}} - b_t \tag{5.27}$$

其中，u、b_t 为模型超参数，$R = \max(t)/2$，t 为时间，且 $\max(t)$ 指获取最大时间值。具体而言，在该模型中，b_t 用于控制概率的取值范围，u 用于控制概率趋于平缓的拐角（坡度），R 用于控制坡度在时间轴上出现的位置。

策略二：样本采样模型（经验回放机制）。使用贪婪方法选择经验是求解 TD 误差最优解的途径（具体求解过程可参见式 (5.26)），但这种方法存在计算成本过高、TD 误差极小的经验长期不被选中以及收敛速度较慢等缺点。为了解决这些问题，本章引入了基于 SumTree 数据结构的层次随机采样方法来实现经验回放机制。其中，SumTree 数据结构 [120] 是一种满二叉树结构，每个叶节点存储每个经验样本的优先级 p，且每个子节点最多只有两个分支，叶节点的值为其两个子节点值的和。假设使用数组存储具体的经验片段，则叶节点对应的序号为数组的索引。

具体的采样过程如图 5.4 所示。如果采样个数为 $K = 7$，首先将数据拆分为 K 个区间。然后，随机选择某个区间（如假设为 14~21），并在这个区间内随机选择一个数字表示优先级，如 19。采样过程为：从根节点开始遍历，若 19 小于根节点 35，则选择左子树的子节点 20；接着，19 大于子节点 20 的左侧子节点 12，选择子节点 20 的右侧子节点 15，同时更新优先级为 7 (19−12)；由于 7 小于子节点 15 的左侧叶节点 10，最终选择叶节点 10 作为当前选中的优先级，经验片段则选择该节点。为了进一步让 TD 误差极低的经验片段也能够被访问到，引入了回放概率 $P(i)$，以决定第 i 个经验片段的采样过程是否使用增强经验优先回放机制：

$$P\left(i\right) = \frac{p_i^{\beta}}{\sum\limits_k p_k^{\beta}} \tag{5.28}$$

其中，$p_i = |\mathcal{L}| + \varepsilon$，且 ε 是一个极小且为正的常数，它的作用是使模型能够采样到特殊边缘经验；β 是一个用于调整影响程度的常数，$\mathcal{L}$ 为式 (5.26) 所示的 TD 误差。也就是说，我们以 $P(i)$ 的概率执行提出的增强经验优先回放机制，但也以 $1 - P(i)$ 的概率进行随机采样。这种方法不仅能够利用我们提出的方法来优化模型的训练过程，还能够保证模型能够采样到 TD 误差趋于 0 的经验数据。具体过程如下所示：

$$经验采样函数 = \begin{cases} P\left(i\right), & 增强经验优先回放 \\ 1 - P\left(i\right), & 随机采样 \end{cases} \tag{5.29}$$

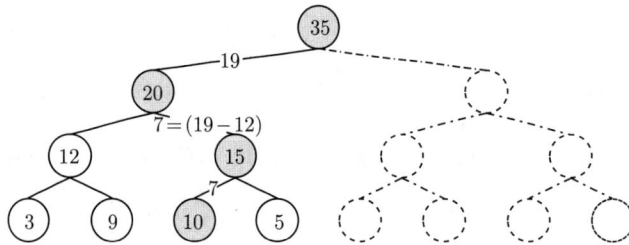

图 5.4 基于 SumTree 数据结构的样本采样过程

5.3 基于深度确定性策略梯度架构的深度强化学习推荐模型训练方法

在互联网平台上，用户的行为模式多种多样，而这些拥有庞大用户基数的平台在与用户进行实时交互时所获得的反馈往往非常稀疏。这种稀疏的反馈是深度强化学习（DRL）模型难以有效训练的根本原因之一。针对这一挑战，本节提出了一种适用于推荐系统的可训练的 DRL 模型方法。此外，本节还对本书所提出的一系列注意力机制进行了深入分析，并总结了这些注意力机制的设计策略以及它们适用的场景。

5.3.1　方法过程描述

Actor-Critic 方法能够根据连续高维的用户状态生成有效的动作，但其连续型训练数据的相关非独立分布性导致 Critic 网络难以收敛。DQN 虽然能够实现 Critic 网络的快速收敛，但在面对连续和高维的动作空间时表现不佳。此外，作为深度强化学习方法，Actor-Critic 并不依赖人工标注的数据，而是通过回报估计函数（Q 网络）进行训练，属于标签延迟的方法。同时，Q 网络和整体梯度策略训练函数是两个需要学习和训练的神经网络，而训练这两个神经网络会导致训练过程极为不稳定，且难以收敛。因此，本章受到 DDPG 思维的启发[121]，提出了一种基于层次注意力机制的 Actor 网络和"增强经验优先回放机制"的深度强化学习推荐模型训练方法，其结构图如图 5.5 所示。

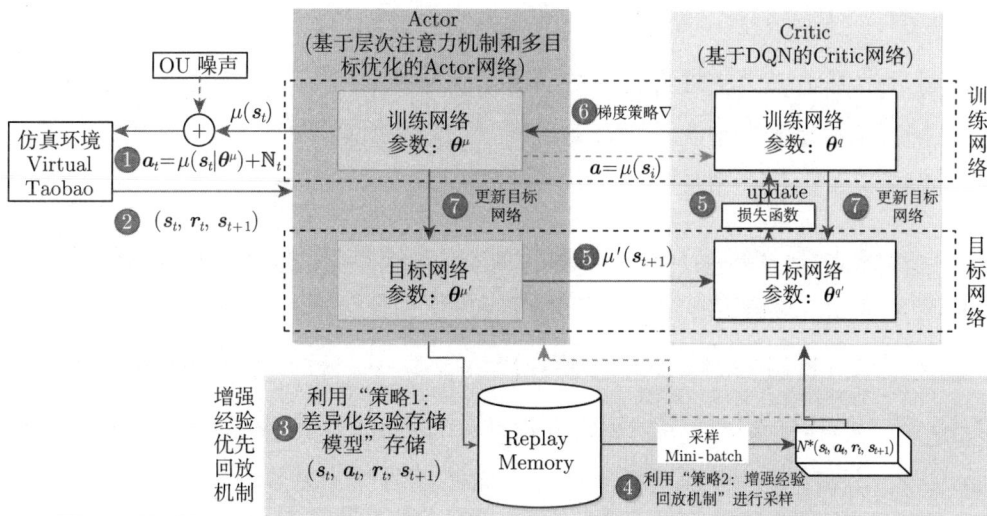

图 5.5　基于 DDPG 的深度强化学习推荐模型训练方法结构图

该方法的整体结构可以分为 3 个主要部分：基于层次注意力机制和多目标优化的 Actor 网络、基于 DQN 的 Critic 网络以及增强经验优先回放机制。该方法能够保证模型收敛的关键在于通过增强经验优先回放机制，从稀疏数据中训练出 Critic 网络，并用该 Critic 网络生成的假设标签来指导 Actor 网络的训练。同时，该方法构建了与训练网络结构相同的目标 Actor 和 Critic 网络，并将一定迭代次数内正向拟合的训练网络更新到这两个目标网络中。具体而言，Actor 网络和 Critic 网络横向上被划分为训练网络和目标网络。交互过程的步骤如图中的序号所示，①和②表示模型与用户（环境）之间的交互过程，即用户对模型生成的动作进行反馈；③和④表示经验存取及选取的过程；⑤表示利用经验片段作为假设标注数据，训练 Critic 网络；⑥则表示将 Critic 网络生成的预测回报值作为假设标准数据，训练 Actor 网络。由于强化学习在每次学习过程中并不总能保证都是正向有效的，因此在序号⑦中，训练网络需要经过多个批次的训练，得到有效的网络后，才会将目标网络更新为当前训练网络。

具体过程形成了如方法 3 所示的基于 DDPG 架构的 HEDRL-Rec 训练方法。首先，在方法 3 中，第 1 行表示随机初始化 Actor 网络 $\mu(s|\theta^\mu)$ 和 Critic 网络 $Q(s,a|\theta^Q)$，再以相同的网络结构和参数初始化目标网络（$\theta^{\mu'} \leftarrow \theta^\mu$ 和 $\theta^{Q'} \leftarrow \theta^Q$）；同时开辟一个数据空间 $\mathcal{D}$ 作为存储经验的经验缓冲池。其次，第 6~7 行表示基于层次注意力机制的 Actor 网络结合 OU 噪声选择 t 时刻的动作 a_t（利用噪声探索历史未出现的新动作），并在实际环境中执行该动作 a_t 得到实时反馈的奖励 r_t 以及下一个状态 s_{t+1}；第 8 行表示使用增强记忆优先回放机制的"策略 1：差异化经验存储模型"的方式选取经验 (s_t, a_t, r_t, s_{t+1}) 并存入经验缓冲池 $\mathcal{D}$。最后，第 9 行表示使用增强记忆优先回放机制的"策略 2：增强经验优先回放机制"采样 N 个经验片段 (s_t, a_t, r_t, s_{t+1}) 作为某一批次的训练样本；第 10~12 行表示使用贝尔曼方程计算 Criti 网络对"状态-动作"对的期望回报，使用梯度策略根据期望回报与实际回报的 TD 误差更新 Actor 网络，根据最小化损失函数 $\mathcal{L}$ 更新 Critic 网络参数；第 14~15 行则在训练习得有效策略之后更新目标网络。

如方法 3 所示，HEDRL-Rec 训练方法主要由生成动作的 Actor 网络和利用假设标注（延迟标注）数据的 Critic 网络组成。一方面，从图 5.3 中可以看出，Actor 网络的时间复杂度由 CNN、注意力机制和 GRU 网络的非恒定性决定。具体来说，CNN、注意力机制和 GRU 的时间复杂度已经在之前进行了讨论，即 Actor 网络的时间复杂度为 $O_{\text{Actor}} = 2O_{\text{cnn}} + 2O'_{\text{Att}} + O_{\text{GRU}}$。其中，$O_{Cnn} = \sum_{f=1}^{D} n_{f-1} \cdot s_f^2 \cdot n_f \cdot m_l$；$O'_{\text{Att}} = k^2$；$O_{\text{GRU}} = W_{\text{GRU}}$。另一方面，本书引入 DDPG 中的 DNQ，设计了 Critic 网络。该 DQN 网络由 2 个线性网络组成，其网络参数的规模由输入数据维度 M_a 和输出特征维度 N_y 共同决定，则 Critic 网络的时间复杂度为 O_{Critic}，即 $M_a + N_y$。也就是说，HEDRL-Rec 训练方法的时间复杂度为 $O_{\text{HR}} = O_{\text{Actor}} + O_{\text{Critic}}$。

方法 3

输入：

1: 初始化：Actor 网络 $\mu\left(s\,|\theta^\mu\right)$、Critic 网络 $Q\left(s, a\,|\theta^Q\right)$、目标网络参数 $\theta^{\mu'} \leftarrow \theta^\mu$ 和 $\theta^{Q'} \leftarrow \theta^Q$
   和经验缓冲池 $\mathcal{D}$

输出：

2: **for** episode $= 1$, M **do**

3:　　随机初始化探索噪声 $\mathbb{N}$

4:　　观测并获取用户初始状态 s_1

5:　　**for** t $= 1$, T **do**

6:　　　　根据 Ornstein-Uhlenbeck 噪声和式 (5.2)∼ 式 (5.24) 选择动作：$a_t = \mu\left(s\,|\theta^\mu\right) + \mathbb{N}$

7:　　　　执行动作 a_t 之后，获得奖励 r_t 和下一状态 s_{t+1}

8:　　　　根据式 (5.27) 选取经验片段 $(s_t,\ a_t,\ r_t,\ s_{t+1})$，并将其存入经验缓冲池 $\mathcal{D}$ 中

9:　　　　利用式 (5.29)，从经验缓冲池 $\mathcal{D}$ 中取样 N 个经验片段 $(s_t,\ a_t,\ r_t,\ s_{t+1})$

10:　　　　计算 $y = r + \gamma \max_{a'} Q\left(s', a'\right)$

11:　　　　通过式 (5.26) 最小化损失函数 $\mathcal{L}$，以更新 Critic 网络参数

12:　　　　通过策略梯度方法更新 Actor 网络参数：$\nabla_{\theta^\mu} f_{\theta^\pi} \approx E_s\left[\nabla_{a'} Q_{\theta^\mu}\left(s, a'\right) \nabla_{\theta^\mu} f_{\theta^\pi}\left(s\right)\right]$

13:　　　　更新目标网络参数：

14:　　　　　$\theta^{\mu'} \leftarrow \tau\theta^\mu + (1-\tau)\,\theta^{\mu'}$

15:　　　　　$\theta^{\pi'} \leftarrow \tau\theta^\pi + (1-\tau)\,\theta^{\pi'}$

16:　　**end for**;

17: **end for**;

5.3.2　注意力机制设计策略和适用场景的相关讨论

现有的深度神经网络基于近似原理，具备强大的拟合能力，但受限于算法优化瓶颈和计算资源的限制，难以在实际应用中达到通用的近似能力。具体而言，神经网络的参数数量不宜过多，网络结构也不能过于复杂。已知人脑主要通过注意力机制来解决信息过载问题，这启发了研究者在神经网络中引入注意力机制，以便在只关注核心信息的情况下简化模型。例如，在推荐系统中，注意力机制可以用来建模和分析用户的多样性和局部激活现象；通过关注不同特征的权重，可以提升神经网络的可解释性；它还可以有效建立评论文本与用户偏好（以及项目特性）之间的关联性；可以从长文本中提取核心关键词组；并且能够捕获多媒体辅助信息中最具代表性的内容，从而更好地表示用户或项目。然而，现有的注意力机制往往忽略了对组合特征和整体特征的有效分析和挖掘。为了解决这一问题，本书提出了一系列层次注意力机制，旨在从单个特征、组合特征和整体特征中挖掘辅助信息，并分析这些特征对推荐系统的不同影响。

现有的注意力机制主要依赖于 CNN 和 RNN（包括 LSTM 和 GRU）。RNN 具有处理序列数据的能力，但其特征提取能力不如 CNN；而 CNN 在特征提取方面表现优异，但缺乏将隐藏神经元信息传递至下一迭代的能力，因此缺乏序列数据处理能力。因此，基于 CNN 的注意力机制主要应用于图像处理，基于 RNN 的注意力机制则主要应用于文本处理。本书认为，通过有效整合 CNN 在特征提取方面的优势以及 RNN 在序列处理中的优势，将有助于提升推荐系统的性能。基于这一思想，本书在第 3、4、5 章中提出了如表 5.1 所示的系列层次注意力机制。

第 3 章介绍的注意力机制包括字符级注意力机制和短语级注意力机制，它们的网络结构都采用了先计算注意力权重，再利用 CNN 提取特征的方法，即 Att+CNN，其中 Att 表示注意力机制的简写，下同。第 4 章中的"局部-整体"注意力机制采用了基于 Seq2Seq 结构的注意力机制（Seq2Seq+Att），在编码器中实现注意力机制，同时在解码器中利用 CNN 从粗粒度层面提取整体特征。基于 NLP 的注意力机制的网络结构也是基于 Seq2Seq 的注意力机制（Seq2Seq+Att），其中计算单元为 GRU。第 5 章为了进一步分析单个特征、组合特征和整体特征，提出了一种更为成熟的层次注意力机制，该机制首先利用 CNN 以不同粒度提取特征，再通过 GRU 计算单元形成基于 Seq2Seq 的注意力机制【CNN+(GRU+Att)】。

如表 5.1 所示，本书提出的系列注意力机制旨在解决自动特征提取困难、数据稀疏、文本之间关联提取困难以及计算资源有限等问题，然而它们处理的数据结构各不相同。例如，字符级注意力机制和短语级注意力机制主要针对非结构化的短文本，这类文本的每个训练样本都能够完整表达单个文本，序列特性仅存在于单个文本的不同词组之间，因此可以有效利用 CNN 的优势来形成注意力机制。另一方面，"局部-整体" 注意力机制则主要针对结构化数据中的不同用户属性。基于 NLP 的注意力机制则侧重于分析有效的长文本，而第 5 章所提出的层次注意力机制处理的数据结构更加复杂，涉及结构化数据中的用户属性和项目属性以及非结构化文本。由此可见，虽然注意力机制的核心基础是软性注意力机制（包括注意力分布计算、打分函数计算和加权平均运算），但这一模型并不能提取出适用于所有问题的通式模型。通过本书上述的研究分析，我们发现，提取通用模型的核心难点在于数据结构的多样性，需要适配不同的神经网络结构，如使用 RNN 处理序列特征，使用 CNN 处理静态特征等；不同的神经网络结构也要求对注意力机制进行相应的调整和优化。针对这一问题，本书深入分析了针对不同应用场景和数据结构所提出的系列注意力机制，并总结出一套注意力机制设计策略。该策略的核心思想是由不同的数据结构决定不同的

表 5.1　系列层次注意力机制

章节	所提注意力机制	网络结构	数据	核心解决问题
第 3 章	字符级注意力机制	Att+CNN	非结构化数据：单个短文本	(1) 样本过大，难以自动提取特征 (2) 数据稀疏问题 (3) 文本之间相互影响 (4) 受限于有限的计算资源
	短语级注意力机制	Att+CNN		
第 4 章	"局部-整体" 注意力机制	Seq2Seq｜Att（利用 CNN 降维）	结构化数据	
	基于 NLP 的注意力机制	Seq2Seq+Att	非结构化数据	
第 5 章	层次注意力机制	CNN+(GRU+Att)	结构化数据 + 非结构化数据	

网络结构（例如，使用 CNN 提取图像特征、使用 RNN 提取序列特征、使用图神经网络提取社交网络特征等）。在此基础上，首先，对不同维度的数据进行归一化处理；其次，利用不同卷积核的 CNN 提取不同维度（或不同组合）的数据特征，从而形成层次注意力机制；再次，提出特征融合方法，对不同维度的特征进行融合，并在特征融合之前完成数据归一化处理；最后，融合后的整体特征通过不同的业务预测模型进行最终的预测。该策略不仅能有效提升推荐性能，还能提高结构化和非结构化数据的利用率。

5.4 实验及结果分析

为了验证 HEDRL-Rec 方法的有效性，我们在我国大型购物网站——淘宝网公开的 VirtualTaobao 实验平台进行了多项在线仿真实验，下面对实验参数设置、评价指标、对比方法和参数优化进行了详细描述。

实验参数设置。本章使用淘宝网发布的 VirtualTaobao 平台作为不依赖人工标注数据的在线仿真实验环境 [122]。该平台基于 OpenAI Gym 环境进行开发，使用淘宝数亿用户在真实环境下的购买行为数据进行模型训练。经淘宝研究团队线上实验结果显示，该平台仅存在 2% 的误差，是当前推荐系统领域最权威的在线仿真环境。其训练过程并未依赖标注数据，而是采用延迟标注的方式，通过用户（环境）与推荐系统的反馈信息完成训练。其中，环境使用 One-Hot 编码把用户特征编码为 88 维的静态属性和 27 维的动态属性。此外，本章基于 FaceBook 开源的 PyTorch 平台构造深度学习模型，使用 GPU 进行训练以满足方法实时性要求，实验环境为 Ubantu 16.04 系统下的 PyTorch1.4 GPU 版本，硬件配置为中科曙光 W580I 服务器和英伟达 NVIDIA TESLA K80 显卡。

对比方法。本章对比实验选择了以下几种基于 DRL 的推荐方法。

基于深度强化学习的页面推荐（Deep Reinforcement Learning for Page-wise Recommendations，简称 LIRD）方法 [123] 是一种基于深度强化学习的推荐方法，该方法提出的 "State-Specific" 打分函数能够自动学习最优推荐策略，以便 Agent

根据用户（环境）的反馈生成更精准的推荐列表。

BCQ 是一种批处理约束方法，通过限制动作空间，迫使 Agent 在给定数据的子集上采取接近策略的行为，从而有效解决了 DQN/DDPG 中存在的探索误差问题。

TD3 通过构建目标网络和高估偏差之间的联系，并在每次训练参数更新时引入延迟策略和新的正则化策略，在动作估计中进一步减小方差，提升性能，解决了基于值的强化学习方法中存在的值过高和策略次优的问题。

HEDRL-Rec 方法，即本章提出的深度强化学习推荐方法，通过引入层次注意力机制的 Actor 网络，能够实现连续空间高维特征的推荐；通过增强经验优先回放机制，解决了样本稀疏和不均衡的问题；此外，HEDRL-Rec 方法还有效地解决了模型不收敛的问题。

评价指标。在本书构建的实时反馈环境中，使用回报率来表示用户对项目的喜好程度。因此，本章直接采用来自 VirtualTaobao 平台的实时反馈回报率（用户评价）作为评价指标，以评估基于深度强化学习推荐方法的性能。

参数优化。为了确保实验对比的公平性，本章统一设定各方法的网络层数为 3 层、每层的神经元个数为 32 个、每批次的样本采样数量为 64、训练迭代次数为 2500 次。经过多次实验，我们发现当测试环境发生变化时，直接采用各方法原论文中的参数设置并不能获得最优解。因此，我们对 DRL 模型的参数进行了优化。

折扣因子 $\gamma \in [0, 1]$ 将无限长度的序列决策问题转化为一个拥有最大值上限的问题如式 (5.25) 所示，它是衡量长期回报的一个超参数。在图 5.6 和图 5.7 中，我们发现不同的折扣因子对回报率有不同的影响。在长度为 50 的短预测序列中，回报率变化不大，BCQ、TD3、HEDRL-Rec 方法的最优折扣因子为 0.2，LIRD 方法的最优折扣因子为 0.1。然而，在长度为 100 的长预测序列中，回报率出现较大的震荡，LIRD、BCQ、TD3 和 HEDRL-Rec 方法的最优折扣因子分别为 0.1、0.5、0.5 和 0.2。由此可见，折扣因子的取值决定了模型对当前回报与未来回报的考虑权重，并且预测序列长度越长，折扣因子的影响越大。

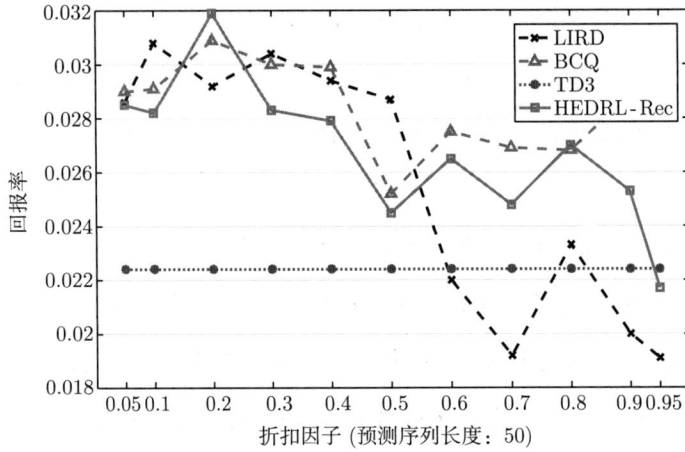

图 5.6   不同折扣因子的回报率（短序列）

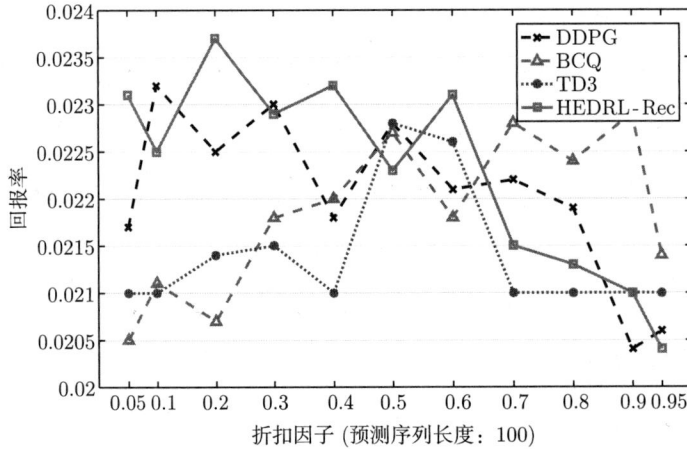

图 5.7   不同折扣因子的回报率（长序列）

在 DRL 模型中，使用双神经网络进行模型训练有助于确保训练的收敛性，而 target 超参数（方法 3 中第 14~15 行的 τ）则决定了两个网络之间的更新频率。如图 5.8 和图 5.9 所示，target 超参数对回报率的影响非常大。例如，在短序列预测中，LIRD 方法的 target 超参数从 0.003 调整至 0.005 时，仅发生轻微变化，但却引发了回报率的较大波动。target 超参数的极小值或极大值都会导致回报率显著下降，表明变化过慢会引发性能问题，而变化过快容易导致模型陷入局部最优解。具体而言，在短序列预测中，LIRD、BCQ、TD3 和 HEDRL-Rec 方法的最优

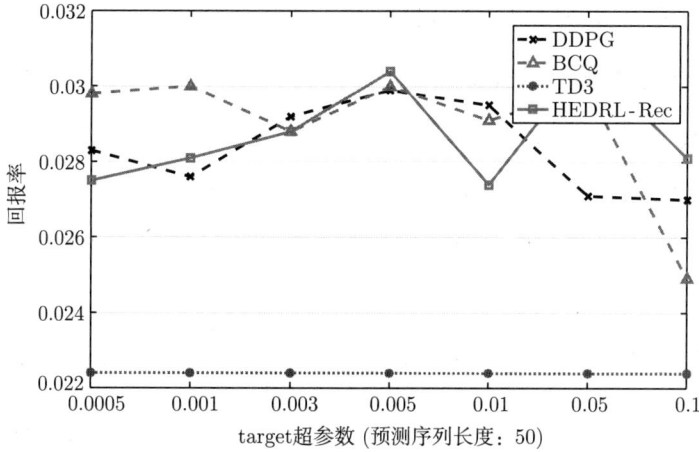

图 5.8　不同 target 超参数的回报率（短序列）

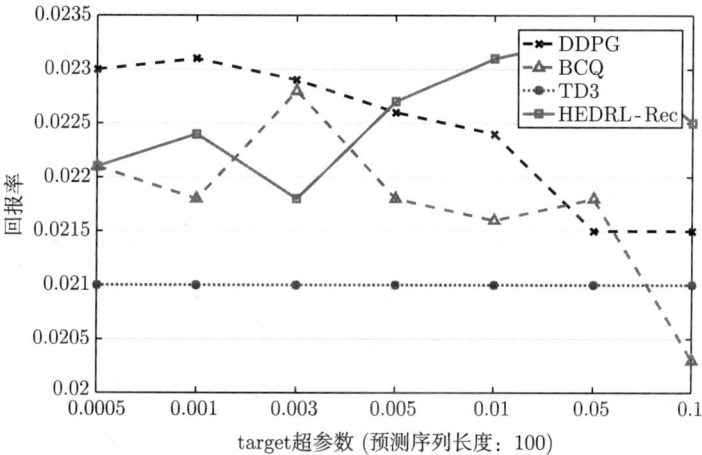

图 5.9　不同 target 超参数的回报率（长序列）

target 超参数分别为 0.005、0.001、0.001 和 0.5；在长序列预测中，这些方法的最优 target 超参数分别为 0.001、0.003、0.003 和 0.05。探索机制是强化学习区别于有监督学习的核心策略之一，它不依赖人工标注数据，通过噪声来探索历史经验中未曾出现过的新动作。通过设置不同的噪声探索模型优化过程，我们在图 5.10 和图 5.11 中观察到，随着噪声的增加，各个方法的回报率逐渐上升，并在达到最优值后开始随噪声的进一步增加而回落。特别是在长序列预测中，回报率的波动比短序列预测更为明显。这表明较小的噪声不足以扰动训练过程，而过大的噪声则可能干扰训练模型的稳定性。合适的噪声可以有效地帮助探索新动作，尤其是在长序列预测中，其影响更加显著。具体来说，LIRD、BCQ、TD3 和 HEDRL-Rec方法在短序列预测中的最优探索噪声分别为 0.1、0.1、0.3 和 0.3，而在长序列预测中的最优探索噪声分别为 0.3、0.3、0.3 和 0.1。此外，由于计算机中随机种子的影响，机器学习模型初始化参数使用的随机数并非完全随机。因此，本章设计了如图 5.12 所示的实验，分析了随机种子对模型训练结果的影响。实验结果表明，非零的随机种子会导致模型在训练初期快速接近回报率 1，这表明随机数对模型

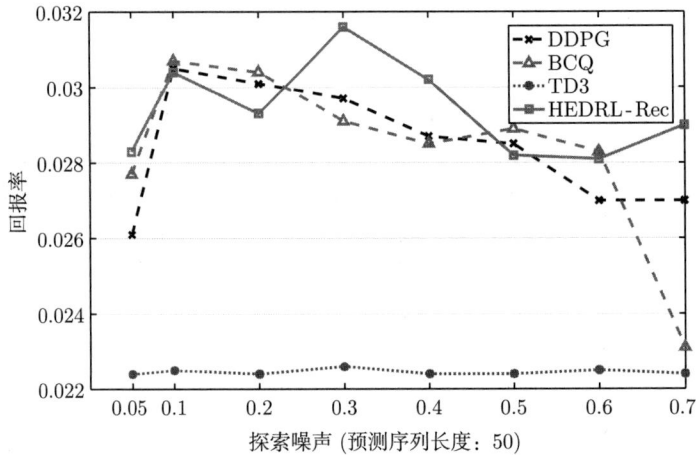

图 5.10　不同探索噪声的回报率（短序列）

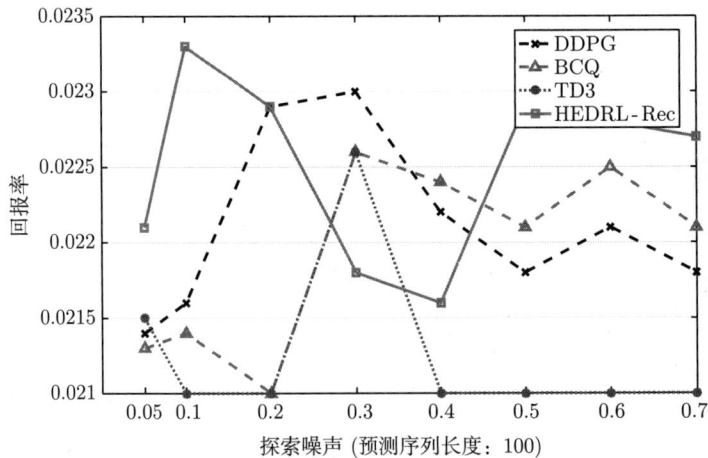

图 5.11　不同探索噪声的回报率（长序列）

有较大的干扰；而取值为 0 时，训练过程较为平稳，且没有对模型产生显著干扰。由于本章的回报率区间为 $[0,1]$，且回报率越接近 1 越好，因此说明导致回报率过快达到 1 的初始化参数是不利的。综上所述，随机种子的最佳选择应为 0。

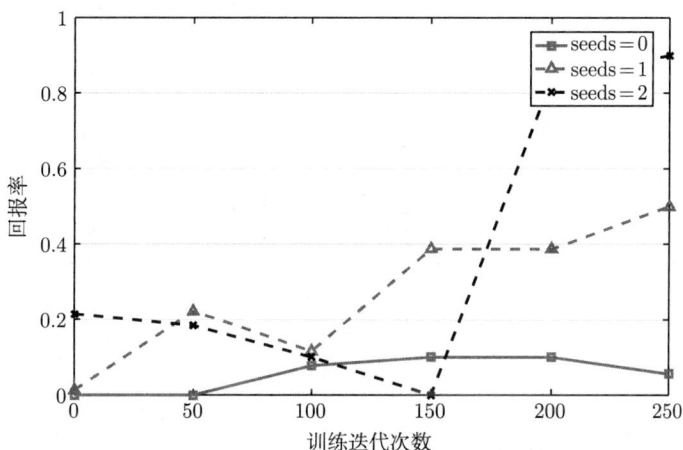

图 5.12　不同随机种子对实验结果的影响

5.4.1　不同创新点的有效性评估

本章通过逐步增加组件的方式，验证了所提出的 HEDRL-Rec 方法中各个创新点的性能。这些创新点包括基于层次注意力机制的 Actor 网络（简称 H-Att）、增强经验优先回放机制（简称 EPERM）以及单层注意力机制（简称 1-Att）。尽管随着序列预测长度的增加，样本会变得越来越不均衡（随着交互次数的增加，被点击的项目数量逐渐减少），但从图 5.13 中可以看出，在引入增强经验优先回放机制后，回报率显著上升。在短序列预测和长序列预测中，回报率分别提高了 8% 和 5.1%，这表明增强经验优先回放机制有效地解决了样本不均衡的问题。同时，尽管增加单层注意力机制能够提升回报率，但其提升的性能（在短序列预测中为 9.1%）低于多层次注意力机制的提升效果（在短序列预测中为 13.4%）。

这表明，注意力机制能够提高特征提取的精度，进一步证明了所提出的基于层次注意力机制的 Actor 网络能够获取更多的辅助信息，从而生成更精准的动作空间。由此可见，本章提出的各组件的增加，使整体的 HEDRL-Rec 方法在高维动作空间的模型训练中能够实现有效收敛。

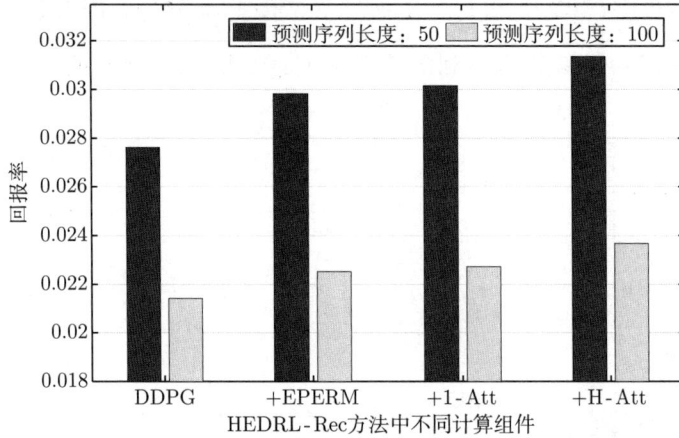

图 5.13   HEDRL-Rec 方法中不同计算组件有效性分析

5.4.2   各推荐方法的性能评估

HEDRL-Rec 方法特别适用于那些难以收集可用标注数据的环境。为了验证该方法的有效性，我们在基于数亿用户（或项目）数据进行训练的 VirtualTaobao 平台上，对 LIRD、BCQ 和 TD3 等类似方法进行了实验对比。在实验中，每种方法均使用经过优化的超参数进行了 8 次独立的完整训练和评估，最终以均值作为性能评价指标。如图 5.14 和图 5.15 所示，HEDRL-Rec 方法在短序列预测（序

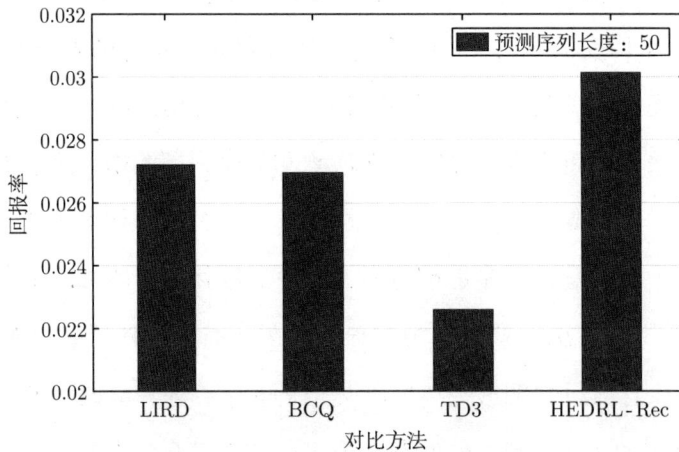

图 5.14   真实数据下各推荐方法性能评测实验结果（短序列）

列长度为 50）中的回报率分别比 LIRD、BCQ 和 TD3 方法高出 10.8%、11.8% 和 33.4%；同时，在长序列预测（序列长度为 100）中，HEDRL-Rec 方法的回报率也显著高于其他方法。这表明，本书提出的层次注意力机制和增强经验回放机制是有效的，能够有效解决深度强化学习在推荐系统中面临的一些关键挑战，如用户（和项目）数量庞大且动态可变、项目动作空间高度离散以及用户与平台的交互数据极度稀疏等问题。HEDRL-Rec 方法在不依赖标注数据的推荐系统中表现出了最优的性能。

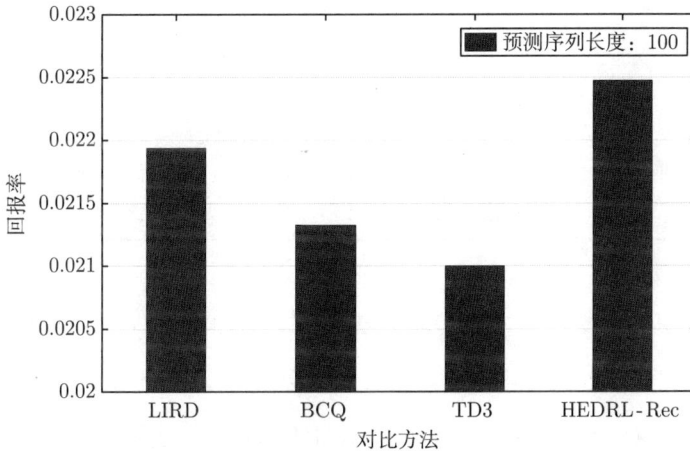

图 5.15　真实数据下各推荐方法性能评测实验结果（长序列）

5.4.3　稳定性评估

在上一小节中，我们不仅使用真实数据对各种对比方法进行了评估，还利用仿真数据进行了评测实验（如表 5.2 所示）。在使用仿真数据对各推荐方法的性能进行评估时，本章观察到一个有趣的现象：在短期预测序列中，虽然 HEDRL-Rec 方法的最高回报率为 0.9632，仅比 BCQ 方法的最高回报率 0.9289 高出 3.69%，但 HEDRL-Rec 方法的平均回报率 0.9632 却比 BCQ 方法的平均回报率 0.6792 高出 41.81%。同样，在长期预测序列中，HEDRL-Rec 方法的最高回报率比 BCQ 方法的最高回报率高出 1.89%，但其平均回报率却高出 35.92%。这表明，虽然 LIRD 和 BCQ 方法偶尔能够达到较高的回报率，但其极低的平均回报率反映出模型的不稳定性，意味着这些方法在实际环境中难以稳定且被有效地应用。相比之下，HEDRL-Rec 方法和 TD3 方法的最高回报率与平均回报率相对接近，表明这两种方法在推荐性能上具有较高的稳定性。然而，HEDRL-Rec 方法在整体性能上明显优于 TD3 方法，展现了更高的可用性和准确性。

表 5.2　稳定性评估（simulation-data 数据集）

预测序列长度	对比方法	平均回报率	最大回报率
50	LIRD	0.6601	0.9093
	BCQ	0.6792	0.9289
	TD3	0.2315	0.2315
	HEDRL-Rec	**0.9632**	**0.9632**
100	LIRD	0.6219	0.8328
	BCQ	0.6362	0.8503
	TD3	0.2125	0.2125
	HEDRL-Rec	**0.8664**	**0.8664**

也就是说，LIRD 方法和 BCQ 方法的平均回报率与最高回报率之间存在较大差距。因此，如图 5.16 和图 5.17 所示，本章从稳定性的角度对各推荐方法进行了多次评估，每种方法都独立进行了 8 次训练和评估。从图中可以看出，HEDRL-Rec 方法和 TD3 方法在多次测试中的结果基本保持一致，而 LIRD 方法和 BCQ 方法的实验结果波动较大。例如，BCQ 方法的最高回报率虽然达到 0.9289，但最低回报率却低至 0.2995。这是因为 LIRD 方法和 BCQ 方法使用了相同的经验回放机制，它们忽视了经验的重要性差异，仅通过随机方式进行样本采样。这种做法导致 LIRD 方法和 BCQ 方法的推荐效果严重依赖于随机采样的质量，从而无法确保训练过程能够稳定收敛。

TD3 方法通过使用延迟策略和正则化策略来稳定训练过程，但在本章设定的实验条件下，推荐效果仍然不尽人意。而本章提出的 HEDRL-Rec 方法通过增强经验优先回放机制有效解决了样本不均衡问题，同时构建了目标网络，确保了 Critic 网络的稳定收敛。因此，HEDRL-Rec 方法在整体上保证了模型训练的较高稳定性，并在推荐效果上表现更为出色。

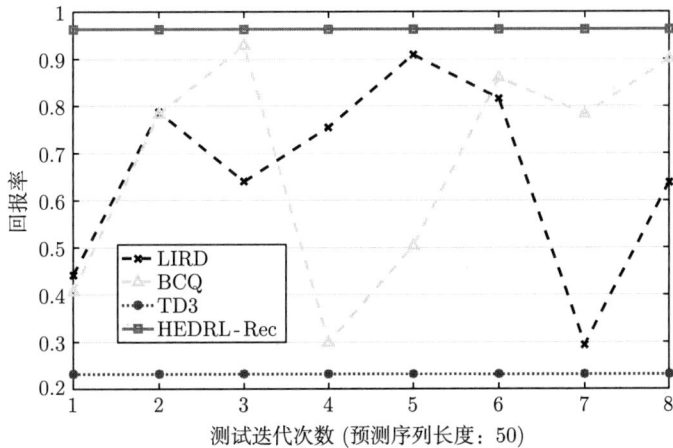

图 5.16　仿真数据下各推荐方法稳定性评估实验结果（短序列）

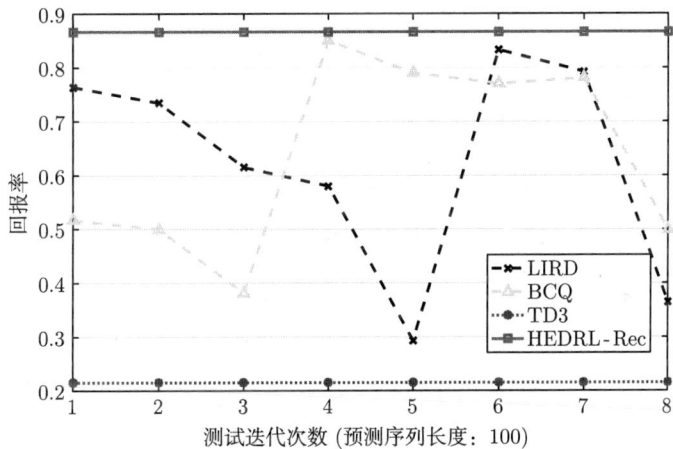

图 5.17　仿真数据下各推荐方法稳定性评估实验结果（长序列）

5.4.4　不同预测序列长度中各推荐方法的性能评估

在实时交互的推荐场景中，预测性能随着序列长度的增加而逐渐降低，即能否准确预测更长的序列是衡量无监督推荐系统性能的重要指标。因此，本章在不同预测序列长度的条件下对各推荐方法的性能进行了评估。

如图 5.18 所示，随着预测序列长度的增加，各方法的回报率普遍呈现下降趋势。然而，模型的实时训练通常会消耗较多的计算资源。因此，在推荐系统领域应用 DRL 模型时，需要在计算成本和准确率之间找到平衡。例如，为了节省计算资源和时间成本，可以设定一个预测序列长度的阈值，以决定是否启动实时模型训练。此外，在序列长度从 5 到 100 的预测中，HEDRL-Rec 方法在每个序列长度下的回报率均优于其他方法。这表明，HEDRL-Rec 方法能够更好地利用稀疏数据（历史经验），同时所提出的层次注意力机制也是提高特征提取精度的有效手段。通过这一系列的改进，HEDRL-Rec 方法在长序列预测中能够实现高维动作空间下的不依赖标注数据的实时推荐，并且在计算资源和推荐效果之间找到了较好的平衡。

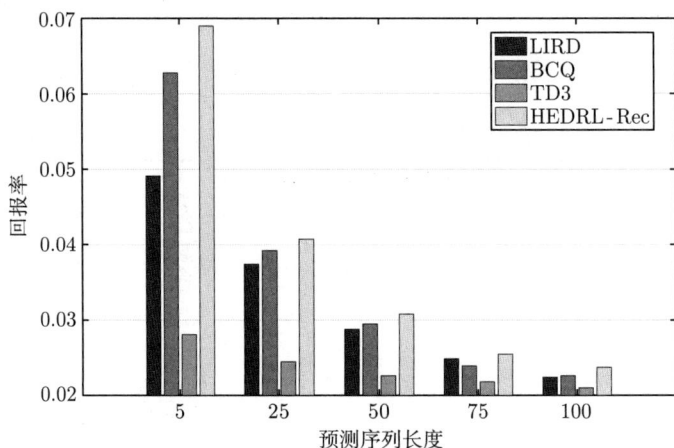

图 5.18   不同预测序列长度中各推荐方法的性能评测

5.5   本 章 小 结

针对传统 DRL 模型在推荐系统领域面临的挑战，如用户和项目数量过大且动态变化、动作空间高度离散、环境交互反馈极度稀疏以及推荐响应时间限制等问题，本章提出了一种名为 HEDRL-Rec 的深度强化学习推荐方法。

HEDRL-Rec 方法引入了基于层次注意力机制的 Actor 网络，能够从多个角度挖掘用户（或项目）的局部特征与整体特征（包括组合特征）所蕴含的辅助信息，有效解决了 DRL 模型在处理过大动作空间和连续动作空间时遇到的难题。同时，增强经验优先回放机制通过缓解过拟合问题，成功应对了样本不均衡和数据稀疏的挑战。此外，该方法还提出了改进的训练方法，确保了模型的收敛性和高可用性。

　　为了验证 HEDRL-Rec 方法的稳定性和有效性，本章在我国最大的电商平台——淘宝网公开的 VirtualTaobao 平台上，对 LIRD、BCQ、TD3 和 HEDRL-Rec 方法进行了多项性能评估实验。在所有实验中，HEDRL-Rec 方法的回报率均优于其他方法，尤其是其平均回报率比 LIRD 方法高出 10.8%。这表明，HEDRL-Rec 方法在高维动作空间中的可用性、收敛性和有效性等方面，表现优于其他对比方法，能够更好地缓解数据稀疏、系统冷启动以及难以收集可用标注数据的问题。

第 6 章　基于自适应元模仿学习的推荐环境模拟器

目前，基于深度强化学习的推荐系统通过与真实环境的交互行为，捕获兴趣漂移，从而动态地构建用户偏好，减轻了对人工标注数据的依赖，展现出相对有竞争力的性能。然而，这些方法通常假设存在可用的模拟器。然而，在一些实际环境中，从新领域或新系统中收集足够的训练数据不仅成本高昂，而且用户反馈的类型多样且规模不均衡。这些限制导致推荐领域缺乏可用的实时环境模拟器，制约了基于深度强化学习推荐系统的发展。为了应对上述挑战，我们提出了一种基于自适应元模仿学习的推荐环境模拟器（Adaptive Meta-Imitation Learning-based Recommendation Environment Simulator, AMIL-Simulator）。具体而言，我们在推荐领域中使用扩散模型模拟变化环境下多样化的用户状态。同时，基于自适应元学习，我们提出了一种新型的模仿学习方法，从不均衡和小样本的专家经验中学习到准确的多任务反馈。具体贡献点如下：

（1）我们提出了一种基于引导扩散模型的用户状态生成模型，该模型利用上下文状态和响应环境变化生成多样化的用户状态。

（2）我们提出了一种自适应元模仿学习的用户反馈模型，该模型像人类学习行为一样，从样本规模小且类别不均衡的环境中实现多任务的用户反馈。

（3）我们进行了大量实验，结果证明了我们的 AMIL-Simulator 能够有效缓解新领域或新系统中的冷启动问题。

6.1　环境模拟器面临的困难分析

有研究人员尝试引入深度强化学习（DRL）方法，提出不依赖人工标注数据的推荐系统，以应对推荐领域中的冷启动问题，并取得了较好的效果。这些方法通过与环境的交互进行训练，能够实时感知环境的变化。然而，直接在真实环境中进行训练可能带来高昂的潜在商业成本，这使得这些方法在训练过程中面临一定的挑战。因此，迫切需要高质量的环境模拟器，作为训练基于深度强化学习推荐系统的低成本替代方案。

目前，推荐领域中的少数模拟器主要用于动态生成虚拟用户的状态，并随着时间的推移提供对推荐结果的反馈，目的是用于训练推荐系统。然而，这些方法在模拟器构建过程中通常假设有充足的训练数据，这使得在实际场景中获取理想的模拟器变得困难。研究表明，模仿学习可以通过克隆历史经验来提高对用户行为的模仿和理解，使模型能够更好地预测用户偏好。特别是，生成对抗模仿学习（GAIL）作为一种广泛使用的方法，通过利用两个神经网络分别表示奖励函数和策略，从而增强了模型的拟合和泛化能力。然而，这些方法依然面临着处理小样本和类别不均衡问题的挑战。在新系统或新领域中，信息匹配平台的点击量通常很高，但收藏、喜欢等行为较少，而购买数据极其稀疏。这种数据稀疏性使推荐系统在解决新领域或新系统的冷启动问题时变得更加困难。

相比之下，人类可以通过有限的训练数据来学习并解决问题，这意味着一旦掌握了一项技能，人类能够在少量的数据中总结出规律，从而解决类似的问题。如图 6.1 所示，用户 A 的历史数据包括广泛的点击数据和有限的收集数据等。在预测用户 A 的购买行为时，基于机器的方法往往很难从稀疏和不均衡的数据中获得全面的见解，导致预测结果不准确，而人类则能够通过少量的数据轻松而准确地确定用户 A 的购买偏好。

因此，我们认为环境模拟器应该模拟人类的学习行为，使其能够从有限的样本中推断出规律，并处理新任务。为了实现这一目标，我们需要解决几个关键技术问题：（1）如何在有限样本环境中有效地训练环境模拟器，包括解决过拟合、训练稳定性差以及样本不足导致的特征学习不足等问题；（2）如何在不均衡的数据环境中有效地训练环境模拟器。同时，类别不均衡的数据集通常伴随着更加显著的长尾分布问题。因此，我们的核心挑战是如何在较小规模的样本环境中实现多样性和多类目标，并构建一个能够有效模拟真实用户行为的环境模拟器。

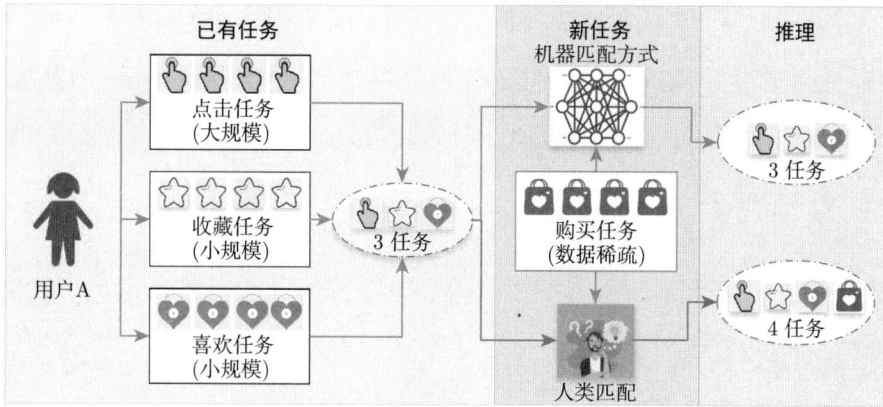

图 6.1　人类学习场景图

6.2　系统模型

如图 6.2 所示，AMIL-Simulator 的总体架构主要包括两部分：用户状态生成模型和用户反馈模型。前者负责生成用户的状态，后者则模拟用户对推荐结果的反馈。此外，"Agent" 代表了一个基于深度强化学习（DRL）的推荐系统，该系统通过与环境模拟器 AMIL- Simulator 的交互完成训练过程。在时间序列方面，AMIL-Simulator 的输入是由 Agent 提供的推荐结果，而输出则包括虚拟用户的状态及其对推荐结果的反馈。具体而言，用户状态生成模型利用扩散模型确保生成多样化的用户状态，并将推荐结果与用户的历史状态作为生成接近真实用户状态的条件。用户反馈模型则通过引入多个分类器来改进生成对抗网络（GAN），以生成多类别的反馈。同时，它还构建了一种自适应元学习方法，以确保模型的拟合和收敛性，从而有效缓解了类别不均衡条件下反馈数据稀疏的问题。大致过程如下。

（1）在时间 t_0 时，用户状态生成模型根据 Agent 的推荐结果，随机初始化用户状态 s_0 和用户的反馈奖励 r_0。

（2）在时间 t_1 时，Agent 接收用户状态 s_0 和用户反馈奖励 r_0，并基于 s_0 和 r_0 计算出推荐结果 a_1。同时，AMIL-Simulator 在接收到推荐结果 a_1 后，用户状态生成模型利用 s_0 和 a_1 作为指导条件，生成新的用户状态 s_1。此时，用户反馈模型根据之前的用户状态 s_0 和推荐结果 a_1 生成用户反馈奖励 r_1，其中

r_1 包括点击、收藏、喜欢和购买等行为。此外，反馈奖励中还包含"done"标志，表示 r_1 是否产生了购买行为，"info"部分存储了 AMIL-simulator 的其他有用辅助信息，帮助 Agent 改进其策略。最后，AMIL-simulator 向 Agent 输出元组 $(s_{t+1}, r_t, \text{done}, \text{info})$。

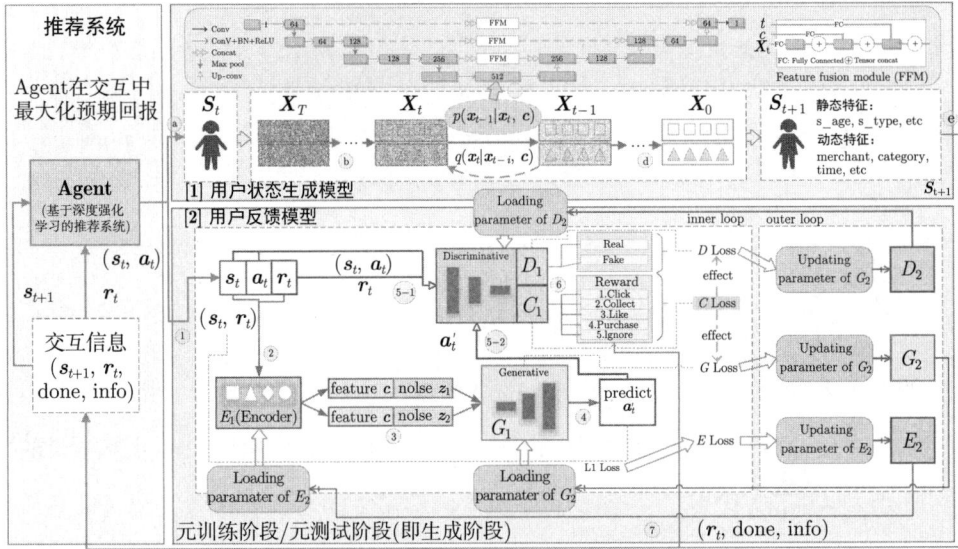

图 6.2　AMIL-Simulator 的架构图

（3）当迭代到时间 t_n 时，我们通过历史专家经验来为 Agent 推荐结果，以完成 AMIL-Simulator 的训练。值得注意的是，模拟器还可以有效地使用多模态数据来缓解冷启动问题。具体来说，我们构建了一个预特征融合模型，将用户状态和项目的结构化和非结构化数据矢量化到同一维度，然后将这些矢量直接拼接，进行信息融合。接着，这些融合后的信息被输入到神经网络中，以获得更多的辅助特征，从而进一步提高数据的利用率。

6.2.1　基于条件扩散模型的用户状态生成模型

用户状态生成模型需要具备实时性、多样性以及处理长尾现象的能力。因此，我们扩展了去噪扩散概率模型（Denoising Diffusion Probabilistic Models，DDPM），并提出了基于条件扩散模型的用户状态生成模型（User-CDM）。User-CDM 的创新之处在于：生成的新用户状态 s_{t+1} 可以在旧用户状态 s_t 的基础上，考虑其他条件（如 r_t 和 a_t）的影响。该模型主要包括两个阶段：用户状态探索阶段（如图 6.2 中的序号 ⓑ ~ⓓ所示）和用户状态生成阶段（如图 6.2 中的序号 ⓓ~ⓑ所示）。

用户状态探索阶段，是在原始特征 x_0 的基础上逐步增加噪声 ε 形成完全高斯分布的过程，该探索的关键在于利用噪声的不确定性实现多样性。假设用户状态的数据分布为 $x_0 \sim q(x_0)$，而 $\{x_1, \cdots, x_T\}$ 是与 x_0 相同维度的隐变量。我们可以得到逐步加噪的用户状态探索过程如下所示：

$$q(x_1, \cdots, x_T | x_0) := \prod_{t=1}^{T} q(x_t | x_{t-1}) \tag{6.1}$$

其中，T 为最大时间步，且时刻 $t = [1, T]$。$q(x_t | x_{t-1})$ 表示以前一个状态 x_{t-1} 为均值的高斯分布，可以表示为：

$$q(x_t | x_{t-1}) := N\left(x_t; \sqrt{1 - \beta_t} x_{t-1}, \beta_t I\right) \tag{6.2}$$

其中，β_t 表示在时间 t 时添加的高斯噪声的方差。

用户状态生成阶段，目的是从高斯噪声中生成多样性的用户状态。为了解决传统生成对抗网络（GAN）趋于生成常见数据的问题[124]，我们考虑使用外部蕴含特定意义的辅助信息 c 来引导生成人们想要的信息。在从高斯噪声 x_T 生成用户状态的过程中，由于 x_0 未知，所以 $q(x_{t-1} | x_t, c)$ 无法求解。因此，我们假设 $p(x_{t-1} | x_t, c)$ 表示与 $q(x_{t-1} | x_t, c)$ 相近的高斯分布。换句话说，为了求解 $p(x_{t-1} | x_t, c)$，我们基于全连接模块构建了一个考虑上下文的 UNet 神经网络（称为 Context UNet），用于拟合噪声 $\varepsilon(x_t, c, t)$。在此基础上，我们可以求得均值 $\mu_\theta(x_t, c)$，公式如下所示：

$$\mu_\theta(x_t, c) = \frac{1}{\sqrt{\alpha_t}}\left(x_t - \frac{\beta_t}{\sqrt{1 - \bar{\alpha}_t}} \varepsilon_\theta(x_t, c, t)\right) \tag{6.3}$$

其中，假设 $\alpha_t = 1 - \beta_t$ 和 $\bar{\alpha}_t = \prod_{s=1}^{t} \alpha_s$，根据文献 [125] 的实验结果，$\sigma_t^2 = \beta_t$ 或者 $\alpha_t^2 = \tilde{\beta}_t := \frac{1 - \bar{\alpha}_{t-1}}{1 - \bar{\alpha}_t} \beta_t$。经过用户探索过程中的训练，得到均值 $\mu_\theta(x_t, c)$ 后，我们便能求解出 $p(x_{t-1} | x_t, c)$，如下所示：

$$p\left(\boldsymbol{x}_{t-1}|\boldsymbol{x}_t,\boldsymbol{c}\right) := N\left(\boldsymbol{x}_{t-1};\mu_\theta\left(\boldsymbol{x}_t,\boldsymbol{c}\right),\sigma_t^2 I\right) \tag{6.4}$$

模型训练和优化。目标是最大化数据的边际似然，并求解对数变分下界。为了实现这一目标，我们拓展了 KL 散度，并引入了辅助条件 $\boldsymbol{c}$ 的损失函数，如下所示：

$$L = E_{\boldsymbol{x}_0,\boldsymbol{c},\varepsilon}\left[\left\|\varepsilon - \varepsilon_\theta\left(\left(\bar{\alpha}_t\boldsymbol{x}_0 + \bar{\beta}_t\varepsilon\right),\boldsymbol{c},t\right)\right\|^2\right] \tag{6.5}$$

然而，除需要解决扩散模型训练难度大和不稳定性问题外，还要解决引入辅助条件导致的模型复杂化问题。受 Ho 等人[125] 提出带 λ 参数的缩放机制的启发（该机制能平衡相关性和多样性），我们通过超参数 w 控制模型是否启动引导以及设置引导长度，从而在不新增网络结构的情况下实现训练目标。具体地，假定 $w = \lambda - 1$ 为引导长度，则用 $\tilde{\varepsilon}_\theta\left(\boldsymbol{x}_t,\boldsymbol{c},t\right)$ 替代 $\varepsilon_\theta\left(\boldsymbol{x}_t,\boldsymbol{c},t\right)$，通过一定的概率执行或不执行带辅助信息 $\boldsymbol{c}$ 的过程，以缓解模态坍塌问题。这个过程的具体形式如下所示：

$$\tilde{\varepsilon}_\theta\left(\boldsymbol{x}_t,\boldsymbol{c},t\right) = (1+\omega)\varepsilon_\theta\left(\boldsymbol{x}_t,\boldsymbol{c},t\right) - \omega\varepsilon_\theta\left(\boldsymbol{x}_t,t\right) \tag{6.6}$$

其中，$\boldsymbol{c}$ 以一定的概率 ϕ 被激活，从而实现共享同一个网络参数，平衡有无引导信息 $\boldsymbol{c}$ 的影响。

整体而言，构建 Context UNet 网络来模拟噪声 $\varepsilon\left(\boldsymbol{x}_t,\boldsymbol{c},t\right)$，并在用户探索阶段完成该模型的训练。在用户状态生成阶段，以高斯噪声 $\boldsymbol{x}_T$ 作为初始数据，结合所求得的 $p\left(\boldsymbol{x}_{t-1}|\boldsymbol{x}_t,c\right)$ 即可逐步计算出用户状态 $\boldsymbol{x}_0$。

6.2.2　基于自适应元模仿学习的用户反馈模型

在图像领域，研究者们利用元学习理论来解决样本规模过小和类别不均衡的问题。Aniwat 等人提出的自适应元学习 (FAML) 算法[126]，通过减少训练模型参数的角度，提出了更高效的学习方法。在此基础上，我们提出了一种基于自适应元模仿学习的用户反馈模型。我们将在神经网络结构设计和模型训练与优化算法这两个方面进行详细描述。

神经网络结构设计。我们基于 GAN 设计了"反馈函数"模块，包括编码器 E、生成器 G、判别器 D 和分类器 C，并利用全连接神经网络作为基础模块。具体来说，我们利用 ResNet（Residual Networks）[127] 构建编码器 E_1，从 s_t 中提取具有代表性的隐藏特征 $c = E_1(s_t)$。紧接着，分别生成 2 个不同的噪声 z_1 和 z_2，并将它们与 c 合并后输入生成器，得到 t 时刻的两个动作 $a'_{t1} = G_1(c, z_1)$ 和 $a'_{t2} = G_1(c, z_2)$，这种设计可以增强系统的稳定性，避免偶发性的低质量样本。其中，π 为生成器 G 的生成策略，π_E 则为专家策略。最后，在共享网络参数的基础上，我们构建了判别器 D 和分类器 C。其中，判别器 D 用于判断用户经验是否与专家经验相符，从而解决了多分类器网络训练难的问题；而分类器 C 则实现了用户的多反馈（点击、收藏、喜欢、购买和忽略等行为）。

模型训练和优化算法。为了使模型具备 "学会学习" 的能力，我们提出了基于元学习的训练方法（如方法 4 所示）。该方法分为元训练（Meta-Training）和元测试（Meta-Testing）两个阶段。在 Meta-Training 阶段，模型通过规模较大的任务数据来学习一种通用的学习策略，从而能够在多个任务中总结并应用所学的知识。Meta-Testing 阶段要求模型能够在没有或仅有少量样本的任务数据中快速适应新的任务，这是元学习的核心目标。每个阶段都包含内循环和外循环。其中，内循环聚焦于在特定任务中学习有用的策略；外循环聚焦于在不同任务之间共享模型的参数，目的是学习通用规则或优化策略，以增强模型的泛化能力。

方法 4

1: 初始化: 训练迭代次数 n_{iter}，内循环迭代次数 K，判别器迭代次数 n_D，生成器迭代次数 n_G. D、C、G 和 E 的网络参数分别为 Φ_d，Φ_c，π，Φ_e，以及它们的权重分别为 W_d，W_c，W_g，W_e.

2: **for** episode $= 1, n_{iter}$ **do**

3: 复制 Φ_e, Φ_g, Φ_d 以获得 E_2, G_2, D_2

4: # 元训练 (Meta-Training) 阶段

5: # 内循环

6: **for** i $= 1, K$ **do**

7:   # 训练判别器 D_1

8:   提取特征向量 h

9:   **for** j $= 1, n_D$ **do**

10:    生成随机噪声 z_1 和 z_2

11:        利用 z_1, z_2, h 生成虚假动作 a'_{t1}, a'_{t2}

12:        通过式 (6.7)～式 (6.11) 在 W_d 上执行 Adam 的更新步骤

13:     **end for**;

14:     # 训练编码器 E_1 和生成器 G_1

15:     **for** j $= 1$, n_G **do**

16:        生成随机噪声 z_1 和 z_2

17:        利用 a'_{t1}, a'_{t2} 生成虚假项目 z_1, z_2, h

18:        通过式 (6.13)～式 (6.15) 在 W_g 上执行 Adam 的更新步骤

19:        通过式 (6.16) 在 W_e 上执行 Adam 的更新步骤

20:     **end for**;

21:   **end for**;

22:   # 外循环

23:   将 D_2 的 Φ_d 设置为 $\Phi_d - W_d$，用于更新 D_2

24:   将 G_2 的 Φ_g 设置为 $\Phi_g - W_g$，用于更新 G_2

25:   将 E_2 的 Φ_e 设置为 $\Phi_e - W_e$，用于更新 E_2

26:   # 元测试 (Meta-Testing) 阶段

27:   **if** mod $(1000) == 0$ **then**

28:     该过程类似于代码行: 6～21

29:     生成随机噪声 z

30:     生成器生成虚假项目 a'_t

31:   **end if**

32: **end for**;

① 内循环训练过程。假设网络中的各个模块（编码器 E、生成器 G、判别器 D 和分类器 C）对应的网络参数分别为 Φ_e、π、Φ_d 和 Φ_c，这些参数的权重分别为 W_d、W_g、W_e 和 W_c。在内循环训练过程中，模型通过已有的任务数据来总结并巩固所学的知识，即通过调整网络的权重参数来优化模型。具体而言，如方法 4 第 6 至第 21 行所示，内循环训练的顺序为：首先训练判别器（包括分类器），然后训练生成器（包括编码器）。在每一次迭代中，为了避免偶发性高斯噪声生成质量较低的样本并提高训练的稳定性，我们在编码器提取辅助特征 h 后，采用"生成两次高斯噪声并共同运算后再求均值"的方式来训练生成器和判别器。

我们使用二元交叉熵损失函数 [128] 构建判别器的目标函数 L_D。那么使用 1 次高斯噪声 z_1 进行计算的判别器损失函数如下所示：

$$L_{D1} = E_{\pi_\theta}\left[\log\left(D_1\left(s, a\right)\right)\right] + E_{\pi_E}\left[\log\left(1 - D_1\left(G_1\left(h, z_1\right)\right)\right)\right] \tag{6.7}$$

其中，π_θ 表示生成器 G 生产的数据，π_E 表示从专家经验中获取的数据。使用另外 1 次高斯噪声 z_1 进行计算的判别器损失函数如下所示：

$$L_{D2} = E_{\pi_\theta}\left[\log\left(D_2\left(s, a\right)\right)\right] + E_{\pi_E}\left[\log\left(1 - D_2\left(G_2\left(h, z_2\right)\right)\right)\right] \tag{6.8}$$

在本书所提出的 AMIL-Simulator 结构中，判别器 D 和分类器 C 共享同一套神经网络参数，其区别在于通过全连接层映射到两个分类或者多个分类。分类器 C 主要利用专家样本进行有监督训练，使其对样本的分类误差尽可能小。假设分类器 C 的多分类交叉熵为 $H()$，则对于策略部分的目标函数为：

$$L_{C_{\pi_\theta}} = E_{\pi_\theta}\left(H\left(r, C\left(r|s, a\right)\right)\right) \tag{6.9}$$

其中，r 表示不同的用户反馈，$C\left(r|s, a\right)$ 表示分类器 C 将 (s, a) 分类为反馈 r 的后验概率。则对于专家经验部分的目标函数为：

$$L_{C_{\pi_E}} = E_{\pi_E}\left(H\left(r, C\left(r|s, a\right)\right)\right) \tag{6.10}$$

因此，整个判别器的损失函数包括两个方面：一方面包括 2 次运算之后求均值得到的判别器目标函数，另外一方面是分配给专家更高关注而给策略 π 更小关注的分类器。具体如下所示：

$$L_D = \left(L_{D1} + L_{D2}\right)/2 + \lambda_c\left(L_{C_{\pi_\theta}} + L_{C_{\pi_E}}\right) \tag{6.11}$$

其中，λ_c 表示控制分类器影响程度的调节系数，默认为 0.5。多分类交叉熵 $H()$ 可以展开为：

$$H\left(r, C\left(r|s, a\right)\right) = -\sum_{r\in R} p\left(r\right)\log C\left(r|s, a\right) \tag{6.12}$$

　　紧接着，固定判别器，使用下述适用 1 个高斯噪声 z_1 进行计算的判别器损失函数 L_G 对 G_1 进行训练：

$$L_{G1} = E_{\pi_\theta} \left[\log \left(1 - D_1 \left(s, a \right) \right) \right] + E_{\pi_E} \left(\log D_1 \left(s, G_1 \left(r, z_1 \right) \right) \right) \tag{6.13}$$

使用另外 1 个高斯噪声 z_1 进行计算的生成器损失函数如下所示：

$$L_{G2} = E_{\pi_\theta} \left[\log \left(1 - D_2 \left(s, a \right) \right) \right] + E_{\pi_E} \left(\log D_2 \left(s, G_2 \left(r, z_2 \right) \right) \right) \tag{6.14}$$

那么，得到整体的生成器目标函数如下所示：

$$L_G = \left(L_{G1} + L_{G2} \right) / 2 + \lambda_c L_{C_{\pi_\theta}} \tag{6.15}$$

编码器直接使用 L1 损失函数作为目标函数：

$$L_E = \sum_{i=1}^{I} \left\| \boldsymbol{\alpha}_i - \boldsymbol{\alpha}'_i \right\| \tag{6.16}$$

其中，$\boldsymbol{\alpha}'_i$ 是生成器 G 生成的动作。

　　进一步，引入正则化项最大化输入噪声的距离，可以有效解决 GAN 中模式坍塌的问题 [129][126]，其过程如下所示：

$$L_{ms} = \max_{G_1} \left(\frac{d \left(G_1 \left(h, z_1 \right), G_1 \left(h, z_2 \right) \right)}{d \left(z_1, z_2 \right) + \tau} \right) \tag{6.17}$$

其中，$d()$ 为表示范数距离度量，$\tau = 1e - 5$ 是一个极小值，用于避免极端情况下除数为 0。因此，基于自适应元模仿学习的训练算法的整体目标函数如下所示：

$$L = L_D + L_G + \lambda_E L_E + \lambda_{ms} L_{ms} \tag{6.18}$$

其中，λ_E 和 λ_{ms} 表示调节系数，默认为 1。

　　② 外循环训练过程。主要在多个学习任务之间总结经验，实现多任务之间的参数共享。一方面，如方法 4 中第 23 至 25 行代码所示，在训练出权重 $\boldsymbol{W}_d$、$\boldsymbol{W}_c$、$\boldsymbol{W}_g$ 和 $\boldsymbol{W}_e$ 之后，根据这些权重更新判别器、分类器、生成器和编码器的网络参数 $\boldsymbol{\Phi}_d$、$\boldsymbol{\Phi}_g$、$\boldsymbol{\pi}$ 和 $\boldsymbol{\Phi}_e$，能保障模型的可收敛性。另外一方面，如方法 4 中第 26 至 31 行代码所示，通过验证数据集来学习模型在新任务（或小样本任务数据）中的鉴别能力。

整体而言，外循环训练过程通过共享网络参数，使模型能够在新的、规模较小的样本任务中学习到更高的泛化能力。

6.3 实验评测

在本节中，我们将探究 AMIL-Simulator 的性能。

6.3.1 实验步骤

数据集。我们使用 Repeat Buyers Prediction 数据集，该数据集源于 TAMLL 电商平台，记录了用户的多次购物序列（购物日志）。这个数据集可以满足模拟器对专家经验的需求，具有较高的应用价值。为了更全面地表达用户状态，我们将用户状态划分为静态特征和动态特征。其中，静态特征包括年龄、性别等用户的固定属性；动态特征包括零售商、品类、时间等随时间变化的用户行为数据。为了验证数据在稀疏环境下的有效性，我们在原始数据上进行预处理，形成了两种数据集，分别以 data-s 和 data-m 表示。其中，data-s 用于冷启动场景，数据量为 20 万。data-m 为较小规模的数据集，数据量为 50 万。此外，为了模拟冷启动环境，我们在日志序列的间隔范围为 [1,5] 时进行数据筛选，不满足该条件的日志序列将直接丢弃。表 6.1 中展示了这些数据集的具体信息。在元学习任务中，我们共定义了 5 类任务，其中 Training phase 使用 3 类任务，Testing phase 使用 2 类任务。

表 6.1 数据集统计信息

Dataset	Testing task			Training task		
	user	item	log	user	item	log
cold-s	2,471	55,218	117,453	588	18514	29521
cold-m	12227	165336	589980	2971	65840	148122

训练环境。OpenAI Gym 是 RL 任务的基准环境。基于 OpenAI Gym 框架，我们定义了一个包括用户特征和上下文信息的状态空间，并用 User-CDM 模型进行实现；我们还定义了一个用于推荐质量反馈评估的奖励函数，并用 Reward-AMIL

模型进行实现。同时，我们将推荐系统中的商品列表定义为动作空间。最后，我们在 OpenAI Gym 环境中实现了关键算法，如重置环境和执行动作，以模拟推荐系统与用户之间的交互过程，并在此过程中实现推荐系统的实时训练。

我们的 AMIL-Simulator 是基于 PyTorch 实现的，并在 NVIDIA A40 计算卡上进行训练。具体来说，User-CDM 模型中的核心网络 Context UNet 采用了 4 层结构，而 Reward-AMIL 模型中的 GAN 网络则使用了 3 层结构。所有方法均在最优超参数下进行评估，以确保实验的公平性。

尽管理论上穷举超参数的所有组合是一种理想的选择，但由于计算资源的限制，超参数的不同组合会影响实验的结果。因此，为了高效地确定深度学习模型的最佳超参数及其组合，并减少实验次数，我们采用了田口方法[130]进行超参数调整。

如表 6.2 和表 6.3 所示，我们为用户生成模型和用户反馈函数的多种方法设

表 6.2　用户状态生成模型的参数优化过程

DDPM[125]				User-CDM				
l_r	$\beta[0]$	$\beta[1]$	MMD↓	l_r	p_d	$\beta[0]$	$\beta[1]$	MMD↓
1e-3	1e-3	0.005	7e-4	1e-3	0.05	1e-3	0.005	6e-4
1e-3	1e-4	0.01	8e-4	1e-3	0.1	1e-4	0.01	7e-4
1e-3	1e-5	0.02	8e-4	1e-3	0.5	1e-5	0.02	8e-4
1e-3	1e-6	0.05	2e-3	1e-3	0.8	1e-6	0.05	9e-4
1e-4	1e-4	0.02	7e-4	1e-4	0.05	1e-4	0.02	8e-4
1e-4	1e-3	0.05	1e-3	1e-4	0.1	1e-3	0.05	9e-4
1e-4	1e-6	0.005	**6e-4**	1e-4	0.5	1e-6	0.005	**5e-4**
1e-4	1e-5	0.01	**6e-4**	1e-4	0.8	1e-5	0.01	7e-4
1e-5	1e-5	0.05	1e-3	1e-5	0.05	1e-5	0.05	9e-4
1e-5	1e-6	0.02	7e-4	1e-5	0.1	1e-6	0.02	8e-4
1e-5	1e-3	0.01	7e-4	1e-5	0.5	1e-3	0.01	7e-4
1e-5	1e-4	0.005	**6e-4**	1e-5	0.8	1e-4	0.005	**5e-4**
1e-6	1e-6	0.01	**6e-4**	1e-6	0.05	1e-6	0.01	7e-4
1e-6	1e-5	0.005	**6e-4**	1e-6	0.1	1e-5	0.005	**5e-4**
1e-6	1e-4	0.05	2e-3	1e-6	0.5	1e-4	0.05	9e-4
1e-6	1e-3	0.02	9e-4	1e-6	0.8	1e-3	0.02	9e-4

计了正交实验表。在用户生成模型部分，涵盖了 DDPM 和 User-CDM 两种方法；在用户反馈函数部分，则包含了 GAIL 和 Reward-AMIL 两种方法。借助正交实验表，我们记录了不同超参数组合下的实验结果，并依据这些结果筛选出最佳的超参数值。

表 6.3　用户反馈模型的参数优化过程

GAIL[ho2016generative]			Reward-AMIL			
l_r	l_{2r}	RMSE↓	l_{ri}	l_{ro}	c_{lam}	RMSE↓
3e-2	1e-1	1.0997	1e-3	1e-3	0.1	0.2380
3e-2	1e-2	2.0255	1e-3	1e-4	0.2	**0.2303**
3e-2	1e-3	1.3230	1e-3	1e-5	0.5	0.5613
3e-2	1e-4	1.2965	1e-3	1e-6	0.8	0.4851
3e-3	1e-1	0.5673	1e-4	1e-3	0.2	0.2346
3e-3	1e-2	0.5701	1e-4	1e-4	0.1	0.2395
3e-3	1e-3	0.5931	1e-4	1e-5	0.8	0.5614
3e-3	1e-4	**0.5609**	1e-4	1e-6	0.5	0.5977
3e-4	1e-1	0.5917	1e-5	1e-3	0.5	0.5581
3e-4	1e-2	0.5780	1e-5	1e-4	0.8	0.4717
3e-4	1e-3	0.5776	1e-5	1e-5	0.1	0.4946
3e-4	1e-4	0.5740	1e-5	1e-6	0.2	0.5469
3e-5	1e-1	0.5694	1e-6	1e-3	0.8	0.5025
3e-5	1e-2	0.5716	1e-6	1e-4	0.5	0.4392
3e-5	1e-3	0.5759	1e-6	1e-5	0.2	0.5209
3e-5	1e-4	0.5736	1e-6	1e-6	0.1	0.5269

在正交实验中，探索每个参数组合所采用的方法至关重要。基于经验，我们采用从较小的数值开始逐步加倍的方式探索参数空间，并根据实验结果和趋势相应地调整超参数值的设置。这种方法不仅提升了实验效率，还确保了在有限资源条件下可以找到最优的超参数组合。

优化实验的取值使用 3 次实验的平均值，因此具体结果如下：User-CDM 的最优 MMD 为 5e-4，其学习率 l_r、$\beta[0]$ 和 $\beta[1]$ 均有 3 组最优值，即 {1e-4, 0.5, 1e-6, 0.005}、{1e-5, 0.8, 1e-4, 0.005} 和 {1e-6, 0.1, 1e-5, 0.005}；DDPM [125] 的最优 MMD 是 6e-4，其学习率 l_r、$\beta[0]$ 和 $\beta[1]$ 有 5 组最优值，分别是 {1e-4, 1e-6,

0.005}、{1e-4, 1e-5, 0.01}、{1e-5, 1e-4, 0.005}、{1e-6, 1e-6, 0.01} 和 {1e-6, 1e-5, 0.005}。当 Reward-AMIL 的内循环学习率 l_{ri}、外循环学习率 l_{ro} 和损失函数中的注意力超参数 c_{lam} 分别为 {1e-3, 1e-4, 0.2} 的时候，最优 RMSE 为 0.2303。当 GAIL [ho2016generative] 的学习率 l_r 和 L2 正则化参数 l_{2r} 为 {3e-3, 1e-4} 的时候，其最优 RMSE 为 0.5609。

对比方法和评测指标。 为了提供更全面的验证，我们对 User-CDM、Reward-AMIL 以及 AMIL-Simulator 进行评测。

在 User-CDM 模型的评测中，我们选用了 BeGAN（Boundary Equilibrium Generative Adversarial Networks）[131] 和 DDPM 作为对比。其中，BeGAN 主要用于缓解模型的稳定性和模式崩溃问题，而 DDPM 则用于生成多样化的样本。为了评估生成的用户状态是否与专家经验相似，我们采用了最大平均差异（MMD）指标，该指标用于衡量生成的用户状态分布与实际数据分布之间的差异。具体而言，MMD 衡量的是希尔伯特空间中两个分布的差距，MMD 值越小，生成的用户状态越接近真实数据分布，效果越好。

在 Reward-AMIL 的评测中，我们将其与 GAIL 进行了对比。由于两者的奖励均为数值型，我们采用均方误差（MSE）和均方根误差（RMSE）作为评测指标。MSE 和 RMSE 值越小，表示两者之间的差距越小，模型的效果越好。

为了验证 AMIL-Simulator 虚拟环境的有效性，我们在用户生成模型中选择了 DDPM，在用户反馈模型中选择了 GAIL，并构建了一个名为"DG-Simulator"的环境模拟器。之所以选择这两个模型，是因为 DDPM 是目前先进的数据生成模型，而 GAIL 是当前先进的模仿学习模型。此外，我们还利用给定时间步内的累积奖励作为衡量 Agent 效率和性能的指标。累积奖励越大，表明模拟器的训练效果越好。在模拟器的训练过程中，我们选择了不同的性能方法进行训练。通过对比这些方法的训练结果与实际情况的一致性，我们可以验证模拟器的有效性。我们从低到高依次选择了随机方法、监督学习回归网络和 DDPG 模型进行训练。

6.3.2　用户生成模型性能评测

如图 6.3 所示，User-CDM 模型在两个数据集上的表现明显优于 BeGAN 和
DDPM，分别提升了约 20% 和 60%。然而，在较小规模的 Data-s 数据集中，与
BeGAN 相比，DDPM 在测试次数较多时性能提升不显著，而在测试次数较少时
反而表现更差。这一现象表明 DDPM 在数据稀疏的环境下有效性较差，同时也
说明 BeGAN 存在一定的不稳定性。相反，我们的 User-CDM 模型始终保持最
佳性能，这证明了我们改进的模型训练优化算法在稀疏环境下能够更好地拟合模
型。此外，这也验证了利用用户的历史状态和对推荐结果的反馈作为引导条件的
有效性。

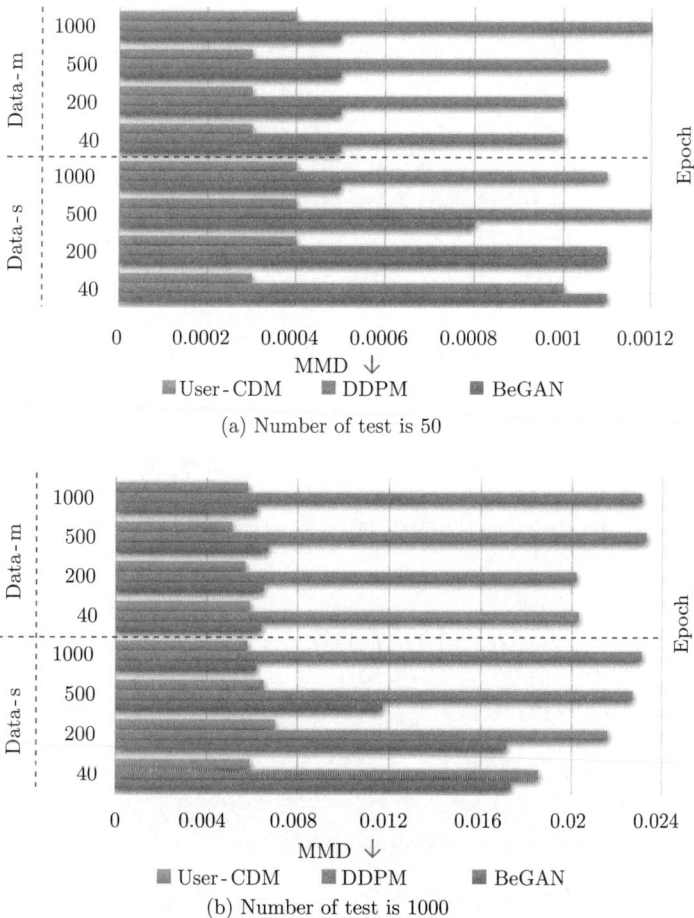

(a) Number of test is 50

(b) Number of test is 1000

图 6.3　用户生成模型性能评测

6.3.3　用户反馈模型的性能评测

如表 6.4 所示，在两个数据集的多次迭代训练中，与 GAIL 相比，Reward-AMIL 在 MAE 和 RMSE 指标上均表现出显著的提升，分别达到了 83.53% 和 59.4%。这表明，Reward-AMIL 生成的数据更加接近真实数据，展现了更强的模仿能力。

表 6.4　用户反馈模型的性能评测（最佳结果以粗体突出显示）

Method	Epoch	Data-s		Data-m	
		MSE↓	RMSE↓	MSE↓	RMSE↓
GAIL[ho2016generative]	250	0.3152	0.5615	0.3233	0.5686
Reward-AMIL		**0.0593**	**0.2436**	**0.0569**	**0.2387**
GAIL[ho2016generative]	350	0.3161	0.5622	0.3179	0.5638
Reward-AMIL		**0.0567**	**0.2382**	**0.0564**	**0.2374**
GAIL[ho2016generative]	450	0.3108	0.5574	0.3261	0.571
Reward-AMIL		**0.0531**	**0.2305**	**0.0537**	**0.2318**
GAIL[ho2016generative]	550	0.3115	0.5581	0.3168	0.5629
Reward-AMIL		**0.0511**	**0.2262**	**0.0549**	**0.2344**

当迭代次数从 250 次增加到 550 次时，Reward-AMIL 在 Data-s 数据集上的 MAE 和 RMSE 分别提升了 13.8% 和 7.14%，而在 Data-d 数据集上，MAE 和 RMSE 分别提升了 3.5% 和 1.8%。相较之下，GAIL 在 Data-s 数据集上的 MAE 和 RMSE 分别仅增加了 1.17% 和 0.6%，在 Data-d 数据集上的 MAE 和 RMSE 分别增加了 2.01% 和 1.002%。随着迭代次数的增加，GAIL 的改进速度较慢，且提升不显著。

与 GAIL 相比，Reward-AMIL 在 Data-m 数据集上的性能提升明显，但在 Data-s 数据集上的性能提升尤为显著，尤其是在 MAE 上，提升达到了 13.8%。

6.3.4　环境模拟器有效性评测

如图 6.4 所示，随机方法（Random）的奖励（Reward）基本维持在 0.2 左右，主要基于点击事件。监督学习回归方法（SuperVised learning regression）的回报接近 0.4，表明该方法具有一定的效果，但其泛化能力较差。相比之下，DDPG 方法的回报优于监督学习回归方法, 说明不依赖于标注数据的强化学习方法可以通过环境的实时反馈进行训练, 从而获得更好的泛化能力。总体而言, ALML-Simulator 在这 3 种方法的训练结果上与直观感受一致, 验证了模拟器的有效性。

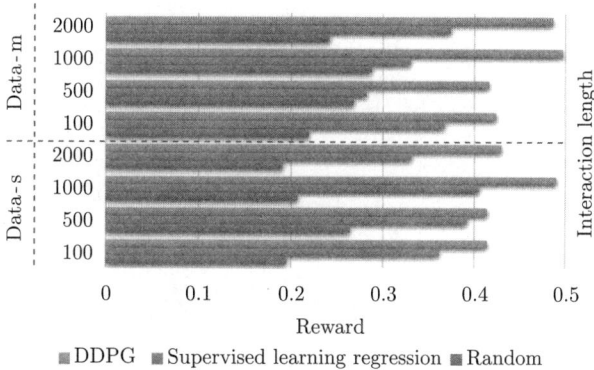

图 6.4 ALML-Simulater 有效性评测

6.4 本章小结

利用基于 DRL 的推荐系统, 在不依赖人工标记数据的情况下实现高效推荐, 是新系统或新领域中实现信息匹配的有效途径之一。然而, 构建环境模拟器的难点在于如何处理小样本和类别不均衡问题。因此, 我们提出了一种基于自适应元模仿学习的推荐环境模拟器, 称为 ALML-Simulator。

首先, 我们开发了一个基于条件扩散模型的用户状态生成模型。该模型以用户的历史状态和推荐结果的反馈作为指导条件, 生成多样性丰富且接近真实用户状态的模型。其次, 我们巧妙地设计了一个双列生成器和一个多类别鉴别器, 提出了一个用户反馈模型。最后, 从提高稀疏任务利用率的角度出发, 我们提出了一种基于自适应元模仿学习的优化方法, 使模型能够适应类别不均衡的环境。

我们进行了广泛的实验, 验证了 ALML-Simulator 在小样本和类别不均衡环境下的有效性。为了进一步优化环境模拟器, 我们将继续研究扩散模型的加速算法以及模型压缩技术, 并深入探讨元学习中对代价敏感的相关优化技术。

第 7 章　推荐系统在船运中的应用

　　船运是通过水路运输货物，与空中运输和陆路运输相比，具有更低的成本和更大的货运量这一显著优势。西江作为珠江的干流，西接云贵，贯穿广西，东连粤港澳，是西南和华南地区水上交通的"大动脉"，既孕育了岭南文化，又承载了广西 90% 的内河运输量。然而，由于信息量过大、市场供需信息不对称、船员信息化技能不足等原因，西江航运容易出现信息过载、船舶空载率较高、船货匹配效率低下、货物滞留成本高等问题，面临着诸多严峻的挑战。因此，如何更高效地找到货源、增加装载量并提升效率，成为提升西江航运效率的核心问题。本书将探讨如何利用推荐系统实现船货匹配，以解决这些问题。

　　船货匹配的原理是基于货物与船舶的特性（包括货物种类、货量、航线及运输时效需求等）以及船舶的运载能力（如船舶类型、载重、航线等），通过综合考虑并精确计算，利用技术手段如智能算法进行高效、合理的配对，从而确保物流运输的高效性、经济性和双方利益的最大化。船货匹配是一个系统性工程，一方面，如图 7.1 所示，涉及对船东和货主的特征提取、根据少量特征快速获取较小规模的候选集以及根据更多特征从候选集中获得精确的匹配结果。另一方面，从业务系统角度来看，主要包括算法集成与应用。具体如下所示。

　　特征处理阶段：我们首先对数以万计的数据进行预处理，将特征分为静态特征与动态特征。静态特征是指货物和船舶的基本属性，不随时间变化，如货物的类型、重量、体积、目的地等；船舶的类型、载重吨位、船龄、航线偏好等。动态特征则随时间和环境的变化而变化，如货物的紧急程度、船舶的实时位置、预计到达时间以及天气条件等。最终，这些特征将统一进行向量化，以便机器模型进行处理。

　　召回阶段：在特征向量化之后，使用简单的候选集生成模型，快速从大量数

据中筛选出一小部分候选船舶，规模一般在几百到几千之间。此阶段的目的是在
保证一定匹配度的前提下，减少后续排序模型需要处理的数据量。

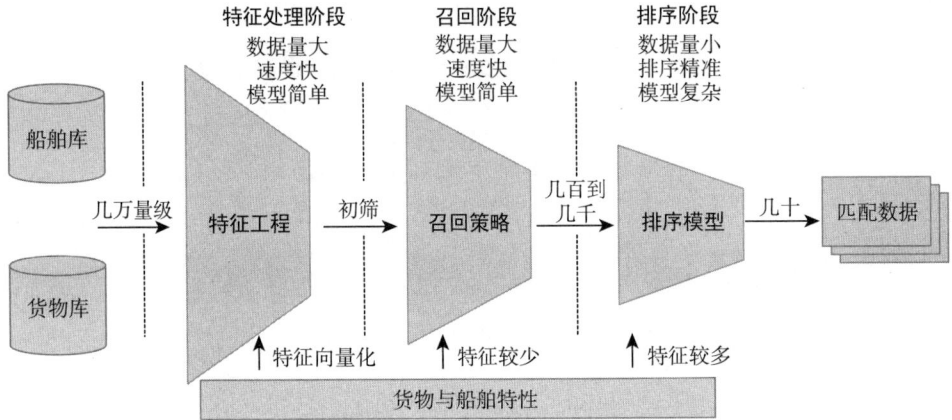

图 7.1　船运推荐系统架构

排序阶段：在召回候选集后，使用复杂的排序模型对候选船舶进行排序，以
确定最佳匹配，排序结果的规模通常在几十之间。排序时会综合考虑更多因素，
如运输成本、时间效率、船舶可靠性、货物安全性等。

算法集成与应用：在业务系统中，设计一个高可拓展的技术框架，集成特征
工程、召回和具体的推荐排序算法，并将结果与业务系统进行呈现和交互。

7.1　特征工程

特征工程是机器学习领域中的关键步骤，其核心在于从原始数据中提取、构
建和选择能够有效代表问题的特征。这一过程的作用是将非结构化或结构化数据
转化为模型可以理解和处理的形式，从而使算法能够更高效地进行学习。

在船货匹配系统中，特征工程是各类推荐算法成功应用的基础。必须从各类
交互数据中提取船东和货主的特征信息，这些特征不仅包括标签等显式特征，还
包括通过深度学习方法提取的隐式特征。

本书将从特征选择的原则、特征选择的策略以及特征向量化三个方面，详细
阐述船货匹配系统中特征工程的应用原理与过程。

7.1.1　特征选择的原则

在实际应用中，随着特征数量的增加，所需的样本数量往往会呈指数级增长。特征选择的目的是从众多特征中筛选出最优的特征子集，去除不相关和冗余的特征，从而实现特征数量的减少、质量的提升，并提高模型的精确度。因此，特征选择的原则应当是保留与目标变量高度相关、信息丰富、稳定且简洁的特征，同时确保模型的可解释性和计算效率。

在船货匹配问题中，我们的目标是预测货物的运输成本，考虑到以下特征：货物重量、货物体积、货物类型、货物颜色、运输距离和运输时间。根据特征选择的原则，我们需要综合考虑以下因素。

相关性：识别与运输成本最相关的特征。货物重量和货物体积直接影响运输所需的空间和承重，因此与运输成本高度相关。货物类型也可能与成本相关，因为不同类型货物的运输要求和成本各不相同。而货物颜色与运输成本的关联性较低，因此可以忽略。

信息丰富性：保留那些能提供丰富信息的特征。例如，货物类型可能包括多个类别，每个类别的运输成本可能不同，能够为模型提供更多有价值的信息。

稳定性：选择那些在不同情况下表现稳定的特征。运输距离和运输时间通常是影响运输成本的稳定因素，因此它们在大多数情况下对成本的预测影响较大。

简洁性：祛除那些对预测几乎没有帮助的特征，如货物颜色。通过简化特征集，可以提高模型的效率和准确性。

可解释性：保留那些在业务层面容易理解的特征。比如，货物重量和运输距离是业务人员能够直观理解的特征，能够确保模型的可解释性。

计算效率：选择那些计算成本较低的特征，以确保模型能够快速训练和预测。

综上所述，我们选择货物重量、货物体积、货物类型、运输距离和运输时间作为模型的特征，而排除与运输成本相关性较低的货物颜色。这些特征能够有效构建船东和货主的代表性属性，提升模型的表现。

7.1.2　特征选择的策略

在船货匹配中，数据相较于互联网电商平台更加稀疏，且存在更为严重的冷启动问题。因此，需要更全面地刻画船东和货主，并从稀疏数据中挖掘更多隐藏特征。在低纬度层面，我们将船东和货主的特征划分为静态特征和动态特征。静态特征，如船舶类型和货物类型，提供了基本的属性信息；而动态特征（如价格谈判结果和货物紧急程度）则反映了市场和运营中的实时变化。具体来说，静态特征通常不会随时间变化，它们为船货匹配提供了基础信息。例如，货主的行业类型（如制造业、农业等）、船舶运营商的公司规模、货主的地理位置（对于货主）以及船舶的注册港口（对于船舶运营商）等；动态特征则会随时间变化，反映实时的业务状态和市场条件。

在高纬度层面，为了全面捕捉船舶和货物的固有属性以及随时间和环境变化的实时需求，我们进一步将动态特征分为显式反馈特征和隐式反馈特征。显式反馈特征是指可以直观理解的标签或文本信息，如货主明确声明的货物紧急程度；隐式反馈特征则是通过深度学习提取的、难以直观理解的代表性特征，这些特征通过用户行为间接反映出来，如水位、政策变化、市场变动等对货运的影响。

7.1.3　特征向量化

在船货匹配系统中，特征向量化是将原始数据转换为模型能够处理的数值型数据的过程。对于结构化数据，可以直接使用 One-hot 编码；而对于非结构化数据，则采用各种嵌入（Embedding）技术进行高层次的隐藏特征提取。

1. One-hot 编码

在船货匹配系统中，特征向量化是连接原始数据与机器学习模型的关键步骤，它使模型能够有效地理解并处理复杂多样的船东和货主信息。对于结构化数据，尤其是那些具有明确类别属性的特征，One-hot 编码是一种直观且常用的转换方法。

One-hot 编码通过为每个类别创建一个与类别总数相等长度的二进制向量来实现特征的数值化。在这个向量中，只有一个位置被设置为 1（代表当前所属的类别），而其余所有位置均为 0。这种表示方法简洁明了，非常适合机器学习算法处理，因为它能够清晰地区分不同的类别。以船舶类型为例，假设存在"集装箱船""散货船""邮轮"三个类别。按照 One-hot 编码的规则，这 3 个类别可以分别表示为 [1, 0, 0]、[0, 1, 0] 和 [0, 0, 1]。这种编码方式在处理类别较少时的特征时非常有效，因为它保持了特征的独立性和清晰性。

然而，One-hot 编码也有其局限性。当类别数量非常多时，特征空间的维度会急剧增加，这可能导致所谓的"维度灾难"。维度灾难不仅会增加模型训练的计算复杂度，降低训练效率，还可能引发过拟合问题，因为模型在高维空间中更容易捕捉到噪声而非真正的信号。

为了克服这一局限性，我们可以采用特征选择方法减少冗余，应用 PCA 等降维技术降低特征空间维度，或利用嵌入（Embedding）技术从非结构化数据中提取高层次的隐藏特征。同时，结合航运领域的专业知识和时间因素，构建更精细的特征表示，以提升船货匹配系统的性能。

2. Embedding 技术

除简单标签外，非结构化的多模态数据难以直接刻画。Embedding 技术主要基于深度学习方法，能够从复杂、高维且稀疏的离散数据（如船东行为和货主评价等）中提取难以直观理解但具有代表性的隐藏特征，即将船东或货主的特征转化为低维、稠密且连续的向量表示。这一过程简化了数据处理，并极大地增强了模型捕捉特征间潜在关联性的能力。简而言之，Embedding 技术将原本难以直接比较的特征转化为向量形式，在向量空间中，相似或相关的特征会紧密相邻，而不相关的特征则相距较远。例如，当我们将"集装箱船"和"散货船"这两种船舶类型通过 Embedding 技术映射到向量空间时，由于它们在航运领域中的相似性（同属于船舶类别，具有相似的运输功能和属性），它们的向量表示将非常接近。相反，如果将"集装箱船"与"运输时间"这两个关联度较低的概念进行 Embedding 转换，它们的向量表示将在空间中相隔较远，从而反映出它们之间较低的相关性。

在船货匹配场景中，文本数据占据重要地位，当前主流的 Embedding 技术是谷歌公司提出的 Word2vec。Word2vec 通过神经网络学习词与词之间的上下文关系，将词语转化为低维稠密向量，使词汇间的语义和语法关系得以在该空间中近似表达，从而在计算层面模拟人类语言的语义结构。尽管 Word2vec 主要用于处理自然语言文本，但其背后的思想"通过上下文信息来学习单词的向量表示"同样适用于船货匹配中的特征学习。

Word2Vec 通过在大规模文本语料库上训练神经网络模型来实现，主要包括两种模型架构：CBOW（Continuous Bag of Words）和 Skip-gram。CBOW 试图从给定上下文中预测当前的中心词。该模型将上下文单词的 One-hot 编码转换为词向量，并对这些词向量进行平均或求和，得到上下文向量。接着，使用上下文向量作为输入，模型预测中心词的概率分布。与此不同，Skip-gram 试图通过当前词预测其周围的上下文。在文本中的每个单词中，Skip-gram 将该词视为中心词，并尝试预测该词周围一定窗口大小内的其他单词（上下文单词）的概率分布。

这两种模型通过大量的训练数据学习到的词向量能够很好地捕捉词汇的语义和语法信息，使相似的词在向量空间中距离相近，而不相似的词则相对较远。

在船货匹配的实际应用中，词嵌入主要包括以下两个阶段：

（1）**数据准备阶段**。

① 需要收集大量的船舶、货物和运输条件等相关信息，这些信息通常以文本形式存在，如船舶描述、货物种类和运输要求等。

② 为了应用 Word2Vec 技术，必须对这些文本数据进行预处理。预处理过程包括去除无关字符、停用词等噪声，并进行分词处理，将长文本切分为有意义的单词或短语。

③ 此外，还需将这些信息组合成类似自然语言的句子结构，作为 Word2Vec 模型的输入上下文，以便模型能够学习到词汇之间的语义关系。

（2）**加载谷歌预训练模型**。

① 引入谷歌提供的预训练 Word2Vec 模型，该模型已具备丰富的词汇和语义信息。

② 将预处理后的文本数据输入该模型，获得每个词汇的低维稠密向量表示。这些向量能够捕捉词汇之间的语义关系，使相似的词汇在向量空间中距离接近。

③ 在船货匹配任务中，我们可以利用这些向量表示作为特征，进一步提高匹配的准确性和效率。

经过上述两阶段获取的船东或货主的表达特征，将作为下一步各类船货匹配算法的数据基础。

7.2　候选集生成模型

当船东数量过大时，直接计算所有船东与货主之间的关系显然不可行，因为这不仅会耗费大量计算资源，还可能导致计算时间过长，难以为用户所接受。因此，推荐算法中的召回机制可以用于船货匹配的初筛，即从海量数据中筛选出几百或几千个候选项，为后续的精细排序与展示流程奠定坚实的基础。

候选集生成模型主要包括以下几个步骤：数据准备与预处理、特征提取与选择、召回策略选择以及候选集生成。在上一节中，我们已经对前两个步骤进行了概述，包括收集船舶、货物和运输条件等文本信息，并进行预处理（如祛除噪声、停用词及分词处理）；接着，为船东和货主选择合适的特征，并通过加载谷歌预训练的 Word2Vec 模型，将这些文本数据转换为低维稠密的向量表示，最终得到船东和货主之间具有潜在关联的表达特征。接下来，我们将重点讨论如何选择合适的召回策略，从而生成高效且精准的候选集。

7.2.1　召回策略选择

召回策略主要包括以下几种传统方式：基于历史匹配记录的召回，该策略通过分析过去的成功匹配案例，找出相似的船货组合并进行推荐；基于地理位置的召回，利用船舶和货物的地理位置信息，优先推荐距离较近的匹配项，以降低成本和时间；基于船舶和货物属性的召回，通过船舶类型、货物种类、运输条件等多维度信息，筛选出符合要求的潜在匹配项。此外，结合深度学习等先进技术，也可以构建基于向量化的召回策略，通过计算船货信息的向量表示及其相似度，实现更精准、高效的匹配。这些召回策略共同构成了船货匹配系统的核心组成部分，有助于提升船货匹配的准确性与效率。

多路召回策略在船货匹配中指的是结合多种召回方法来生成候选集，从而更全面地覆盖潜在匹配项。这种策略旨在通过多样化的召回方式，提升整体的召回效果，同时保持较高的计算效率。在多路召回策略中，每个策略之间相互独立，因此可以并发执行多线程，以实现更高效的处理。例如，如图 7.2 所示，在船货匹配中采用多种策略，从不同角度考虑问题。在召回阶段，依据船舶类型、热门、价格匹配、航线匹配及协同过滤等方式，快速缩小船舶选择范围。通过这种多路召回策略，能够准确生成候选集，同时保持较高的计算效率。

尽管多路召回策略在提升计算效率和召回覆盖率方面发挥了重要作用，使排序阶段的候选池更加丰富和多元，但它也面临一些挑战。例如，每种召回策略都会从候选池中挑选出一定数量的候选项 K，将其作为超参数，其最优设置往往需要通过离线测试和在线实验来精确调整。同时，对于不同召回策略所采用的具体条件，往往还需要依赖人工经验和判断来决定。

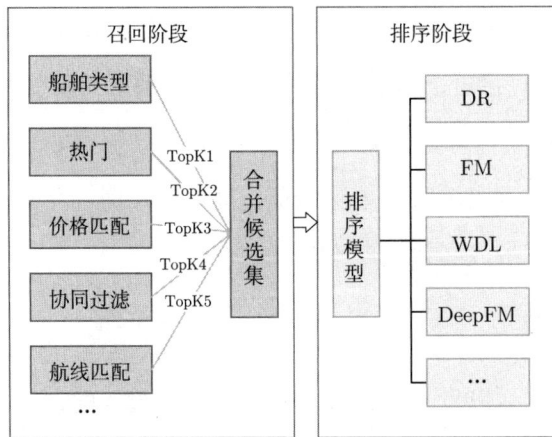

图 7.2　多路召回策略过程

此外，实时性是召回策略的另一个核心指标。它确保系统能够快速响应市场变化和用户需求，提供即时且符合用户偏好的内容。这种即时反馈对于客户来说意味着更高的满意度，因为他们能够快速获取最新和最相关的信息。为了提高推荐系统的实时性，线上服务是目前应用最广泛的策略之一。线上服务的核心是，当用户发出推荐请求时，不需要每次都重新运行整个召回模型，而是通过最近邻搜索算法（如局部敏感哈希，LSH）快速计算候选集。在匹配过程中，如果每次请求都重新输入网络模型进行推理，计算成本将极其高昂，处理效率也会变得低下。因此，线上服务模式通过"候选集生成模型"生成的特征向量，存入特征数据库中。随后，通过最近邻搜索算法，可以快速在特征数据库中找到与用户需求匹配的推荐数据。以船货匹配系统为例，货主的特征向量和船舶的特征向量通过模型生成并存储在特征数据库中。当接收到用户请求时，系统可以利用最近邻搜索算法，在特征数据库中快速找到与货主需求相匹配的船舶。这种方式简化了模型的服务流程，避免了在服务器上运行复杂的模型推理逻辑，从而显著提高了推荐系统的实时性。

具体地，工程上常采用 HDFS（Hadoop Distributed File System）实现分布式处理数据，解决海量数据的存储和计算问题。如图 7.3 所示，具体如下。

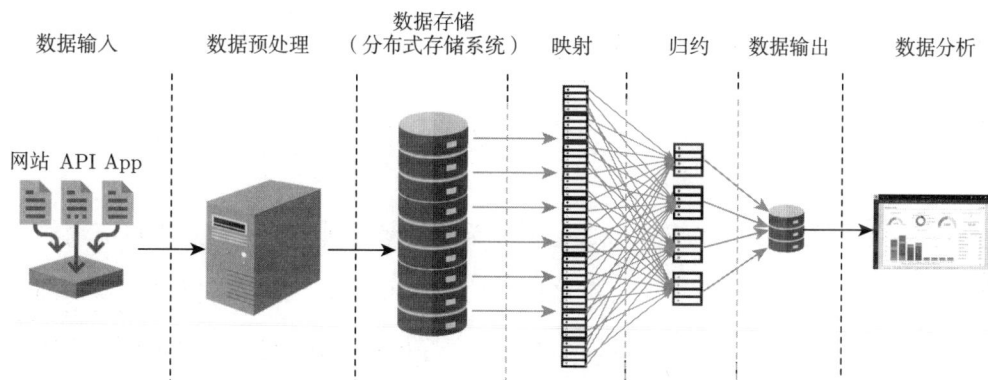

图 7.3　船货匹配流程图

（1）数据输入：从数据源（App、网站、API）获取原始数据，并将其传输到服务器端进行预处理。

（2）数据预处理：在服务器端，对原始数据进行必要的清洗、转换和格式化，以确保数据的质量和一致性。

（3）数据存储：将预处理后的数据存储在 HDFS 中。HDFS 的分布式特性使其能够高效地处理大规模数据集。

（4）Map Reduce 任务：①映射（Map）任务。HDFS 中的数据被分割成多个块，并分布在集群中的多个节点上。Map 任务负责读取这些块，将数据划分为键值对，并进行初步处理。②归约（Reduce）任务。Reduce 任务对 Map 任务的输出进行聚合和处理，生成最终的处理结果。

（5）数据输出：处理后的数据被输出到 HDFS 的另一位置，供推荐系统的后续应用使用。

7.2.2　候选集生成

候选集生成流程是船货匹配中的关键环节。该流程首先通过应用召回策略，从大量数据中筛选出初始候选集。接着，候选集会经过去重、排序等精细化处理，以确保最终候选集的质量。为了确保候选集的有效性，还需要进行质量评估，包括召回率、精确率、F1 分数等关键指标的计算与分析。此外，将候选集质量与业务指标，如匹配成功率、运输效率等，进行关联分析，可以进一步验证和优化候选集生成流程，从而为船货匹配提供更精准、高效的匹配方案。

7.3　排 序 模 型

经过上一阶段的候选集生成，我们从不同角度得到了几百到几千量级的候选集。显然，这些候选集仍然无法直接推荐给船东或货主，因此需要进一步精细化筛选，最终得出几十条甚至几条推荐结果。排序模型的作用就是在候选集基础上，考虑更多特征，采用更复杂的模型进行打分和排序，从而提供更精准的个性化推荐。构建排序模型通常需要选择更多的特征，并匹配合适的排序算法。同时，在模型训练完成后，还需通过准确率、召回率等评估指标进行性能评测，并不断优化模型。

如图 7.4 所示，本书选用 3 章的 ACNN-FM 混合推荐方法作为示例，详细介绍数据准备阶段和特征向量化阶段、候选集生成阶段、排序阶段和推荐与展示阶段。

数据准备阶段和特征向量化阶段：这两个阶段的主要任务是收集和处理与船货匹配相关的数据。数据来源涵盖多个方面，包括货主的历史行为数据（如货物类型、运输频率）、货主画像信息（如行业类别、地域等）、船舶的属性数据（如载重、航线、船龄等）以及船舶的文本描述数据（如船舶名称、服务评价等）。这些数据经过清洗、去重、填补缺失值等预处理操作后，为后续的特征选择和模型训练提供了基础。

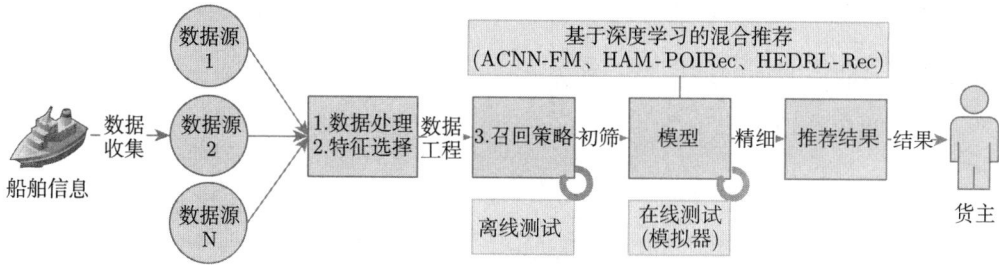

图 7.4　模型构建流程

候选集生成阶段：在候选集生成（召回）阶段，采用标签匹配等多路召回策略对候选集进行快速筛选。标签匹配基于预设的规则或阈值，将船舶和货物的属性、历史行为等信息进行匹配，快速生成初步候选集。这个候选集包含了与用户需求较为接近的船舶和货物，为后续的排序阶段提供了基础。

排序阶段：在排序阶段，采用 ACNN-FM 作为船货匹配的排序模型，整个过程分为两个阶段进行处理。

① 第一阶段：特征提取与隐藏特征挖掘。在第一阶段，通过"字符短语"注意力机制，从船东和货主的特征中提取更多的隐藏特征。这些隐藏特征虽然人类无法直观理解，但具有高辨识度。

② 第二阶段：关联关系构建与个性化推荐。在第二阶段，使用因子分解机（FM）从船东和货主的隐藏特征中构建关联关系，关联度最高的记录即最优的个性化推荐结果。

排序阶段是一个不断迭代和优化的过程，主要包括以下几个关键步骤：首先，通过准确率、召回率、F1 分数等评估指标，对基于"字符短语"注意力机制和因子分解机的混合推荐模型进行全面评估，量化其性能表现。然后，根据评估结果，识别模型中的薄弱环节和潜在改进空间。优化措施可能包括调整模型参数、改进特征工程、引入新的数据源等，以提升模型的泛化能力和推荐准确性。此外，采用交叉验证、A/B 测试等策略，确保优化措施的有效性，并持续监控模型性能，以应对不断变化的用户需求和市场环境。通过这一系列的评估与优化步骤，不断迭代和完善推荐模型，为用户提供更加精准和个性化的船货匹配推荐服务。

推荐与展示阶段：在排序阶段生成的推荐列表基础上，根据用户的偏好和需求，进行个性化的推荐与展示。推荐结果包括船舶和货物的详细信息、匹配度评分等，以便用户做出决策。

7.4 算法集成与应用

船货匹配业务系统，如滴滴打船 App 和内河航运平台等，是集成了先进供需匹配理念的在线服务平台。它们利用信息化技术，将货主与船舶运营者紧密连接，实现船货信息的实时共享与高效匹配。这类系统不仅具备线上发布、查询、匹配船货信息的功能，还通过智能算法优化运输路径，降低空载率，提升物流效率。系统的建立为船货双方提供了便捷、高效、可靠的物流解决方案。

如图 7.5 所示，货主通过系统详细录入货物信息，包括货物类型、数量及目的地等关键要素。船东（包括货运公司）发布船舶信息，包括船舶类型、载重吨位、舱容、当前位置、预计可用时间等。物流系统接收到这些信息后，首先进行完整性检查，确保所有必要信息均已提供。随后，物流系统运用算法自动匹配货物需求与船舶信息，寻找最适合的船舶。一旦找到匹配的船舶，物流系统将生成匹配结果供需求方确认。具体地，包括以下步骤：

（1）集成目标与准备环境：明确推荐算法与系统的集成目标，旨在解决船运中的信息过载、空载率高及匹配效率低等问题，从而提高船货匹配的精准度与效率。为此，需要准备集成环境，包括搭建服务器、存储设备、网络通信等必要的软硬件基础设施，确保算法能够稳定高效运行。

（2）数据预处理：需求方与航运公司通过物流系统录入货物与船舶的详细信息，包括货物类型、数量、目的地、载重吨、舱容、当前位置及预计可用时间等关键要素。物流系统接收这些信息后，进行完整性检查，确保数据的完备性，为后续的算法匹配提供准确的基础数据。此阶段还需要设计数据接口，收集并清洗船舶与货物的详细信息，确保为算法提供高质量的输入数据。

（3）算法集成：集成过程可分为两个阶段，即召回与排序。在召回阶段，采用广泛匹配策略，使用高效的算法快速筛选出具有潜在匹配可能性的船货对，从而缩小候选范围。在排序阶段，通过复杂的精细模型对候选集进行综合评价，考虑运输成本、时间效率、客户满意度等多个因素，确保最终选择的匹配方案能够在满足业务需求的基础上，实现最优效果。

（4）系统测试与部署：进行全面而深入的测试，包括单元测试、集成测试等，旨在验证算法的性能与稳定性。将经过充分测试的船货匹配算法部署到生产环境，并启动持续监控与维护机制。该机制能够实时跟踪算法的运行状态，及时发现并解决潜在问题，确保系统的长期稳定性。

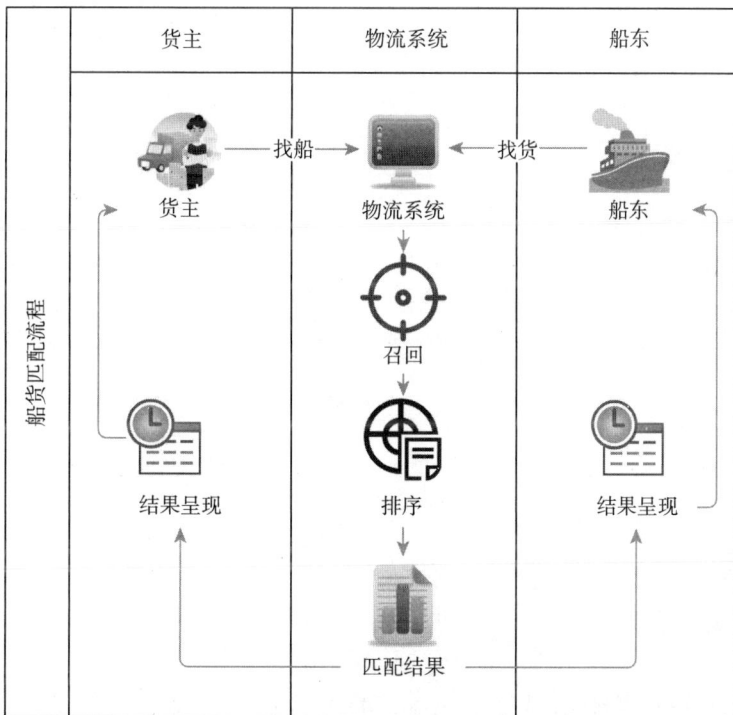

图 7.5　HDFS 过程

在船货匹配领域，设计一个高可拓展的智能架构至关重要。它不仅能有效集成各类智能匹配算法，还能随着业务需求的增长灵活扩展。其核心原理在于采用分层设计模式，将系统划分为多个独立的层次，每一层承担特定职责，从而降低系统复杂度，提高可维护性。通过模块化设计，系统能够轻松应对功能变更和升级，确保算法的集成和稳定运行。高可拓展性保证了系统能够随着数据量和业务逻辑的增加而平滑扩展，避免性能瓶颈的出现。而智能算法的有效集成显著提升了船运资源的匹配精度与效率，为物流行业提供了高效、精准且可靠的解决方案。

具体地，如图 7.6 所示，从下往上各个层如下所示。

图 7.6　架构图

（1）基础层：基础层是整个系统的核心，它负责提供高效的数据存储和处理能力。该层使用 Hadoop 大数据平台，利用 HDFS（Hadoop 分布式文件系统）

进行数据的存储，同时通过 Yarn 管理资源和任务调度，确保大数据平台的高效运行。此外，基础层还集成了 Pytorch 等深度学习基础平台，提供强大的计算能力，为复杂的深度学习算法提供支持。基础层还接入了船闸调度系统和水情预测系统等第三方业务系统，这些外部系统为船货匹配提供了丰富的、实时的业务数据支持。

（2）算法组件层：算法组件层是系统的关键部分，负责数据的汇聚、处理和智能匹配算法的执行。该层首先从第三方业务系统和船货匹配业务系统中获取数据，并利用大数据平台进行数据的清洗、处理和特征工程，生成候选集。该层集成了多种算法模型，包括经典的 DeepFM，以及创新的 ACNN-FM、HAM-POIRec 和 HEDRL-Rec 等模型。这些模型通过在离线环境或 AMIL-Simulator 中进行训练，确保模型的准确性和稳定性。

（3）微服务层：微服务层将算法模型封装为独立的微服务，为船货匹配业务系统提供智能匹配支持。同时，它还负责将船货匹配业务系统的数据存储下来，为算法提供数据基础。通过微服务架构，系统能够实现服务的快速部署和灵活扩展，提高系统的响应速度和处理能力。

（4）应用层：应用层是系统的前端部分，包括接口基础层、数据持久层、业务层、控制层、视图层等。它为船东和货主提供友好的交互界面和服务，通过清晰的 API 数据接口和数据持久化机制，确保系统功能的实现和高可用性。应用层的设计注重用户体验和系统的易用性，使用户能够方便快捷地完成船货匹配操作。

系统的交互流程从数据汇聚开始，第三方业务系统和船货匹配业务系统的数据被汇聚到基础层，经过 Hadoop 平台的处理，存储在 HDFS 中。接着，在算法组件层进行数据处理和特征工程，生成候选集。然后，利用集成的各种智能匹配算法模型对候选集进行匹配计算，得出匹配结果。将这些算法模型在离线环境或 AMIL-Simulator 上进行训练和优化，确保匹配结果的准确性和可靠性。匹配结果通过微服务层封装为 API 服务，提供给应用层调用。在应用层，用户通过接口基础层与系统进行交互，业务层处理用户的请求并调用微服务层的 API 服务获取匹配结果，最后通过视图层将结果展示给用户。整个交互流程清晰明了，确保了

系统的高效运行和用户体验的提升。如图 7.7 所示是船货匹配小程序界面,设计
简洁明了,操作便捷。

图 7.7　船货匹配小程序界面

7.5　本 章 小 结

本章深入探讨了推荐系统在船运领域的应用,从船货匹配的需求出发,详细
介绍了特征工程、候选集生成、排序模型以及算法集成的各个环节。我们详细讲
解了如何通过推荐算法优化船舶与货物的匹配,提高运输效率,降低运输成本。

特别是在候选集生成阶段，结合了多路召回策略与优化方法，从不同的角度初筛得到几百到几千规模的候选集。下一步，排序模型使用提出的系列基于深度学习的混合推荐方法，精确得到了高精度和实时的个性化匹配结果。同时，针对船货匹配系统的实际应用，介绍了特征选择原则、特征向量化及其优化策略，提供了丰富的技术细节和实施路径。通过工程实践，我们可以更好地理解和解决实际业务中遇到的问题，为船运行业的数字化转型和智能化推进奠定基础。

此外，在实际应用推荐系统的过程中，开发和部署会面临多种挑战，主要包括实时性、训练方式和算法部署等方面。

实时性是推荐系统中的一个重要挑战，尤其是在数据量不断增长和业务需求日益复杂的情况下。全量更新是一种传统的更新方式，每次更新时需要对整个数据集进行重新计算。这种方法适用于数据量较小且变化不频繁的场景，但随着数据规模的扩大和对实时性的需求提高，全量更新的计算和时间成本会显著增加。为了解决这一问题，增量更新应运而生，它通过仅对新增的数据进行更新，而不影响原有数据，从而有效减轻了计算压力，并提高了系统的响应速度。在船货匹配系统中，增量更新可以将新增加的船舶、货物需求和推荐结果与历史数据结合，优化实时推荐的效率。更进一步，在线学习作为一种增量学习方式，能够随着数据的不断增加，实时更新模型。结合第 6 章提到的交互学习技术，在线学习能够根据用户反馈不断优化模型，从而使推荐结果更加精准和实时，满足船运行业对时效性的高要求。

训练方式直接影响模型的更新频率和性能表现。离线训练是一种在固定时间间隔内使用历史数据进行模型训练的方式，适用于不需要频繁更新的场景。在这种方式下，系统定期对推荐模型进行训练，通常依赖大量的历史数据来优化模型参数，以确保模型在实际应用中的表现稳定。然而，随着业务需求和数据环境的变化，离线训练可能无法及时响应新的变化。因此，实时训练成为一种更加灵活的选择。实时训练的优势在于它能够根据实时数据进行模型更新，快速响应系统需求的变化。在船货匹配系统中，实时训练能够结合用户的行为、选择偏好等动态变化的数据，迅速调整匹配结果。特别是，第 5 章提到的不依赖人工标注数据的方法使模型能够自主从交互数据中学习，而第 6 章的环境模拟器则提供了训练和验证环境，利用用户反馈不断优化推荐算法，提高系统的实时性和准确性。

算法的部署方式通常有两种主要形式：批量处理与实时推理。批量处理适用于那些对实时性要求不高的任务，如大规模数据的定期更新和模型训练，而实时推理则主要用于需要快速响应的场景，如用户查询时的即时推荐。为了兼顾计算资源和实时性需求，许多船货匹配系统采用混合部署方式。具体来说，模型训练和候选集生成可以通过离线批量处理来完成，而匹配排序和推荐结果则通过在线推理实现，从而在保证高效计算的同时，满足实时性和准确性的双重要求。此外，随着容器化技术的普及，船货匹配系统的部署方式也在不断演进。采用容器化（如 Docker）和微服务架构可以使系统更加灵活，便于扩展和部署，确保推荐算法能够在各种环境下平稳运行，并能够轻松应对变化的需求。

第 8 章　总结与展望

8.1　总　　结

当前飞速发展的经济贸易和科学技术推动了各类互联网平台的急速发展，为大众带来便利的同时，也产生了信息过载的问题。推荐系统是当前各类信息平台广泛解决信息过载的重要技术。然而，传统的推荐系统模型在处理大规模数据时存在诸多局限性，如有限的建模能力高度依赖数据完整性，以及过于依赖人工提取特征，这些因素严重制约了推荐系统的进一步发展和应用。

深度学习通过构建深层次的非线性网络结构，能够从多源异构数据中学习到用户和项目的表达特征，其强大的建模和处理复杂问题的能力，使深度学习在图像处理、自然语言处理和语音处理等领域得到了快速发展。近几年，开始有研究者将深度学习技术引入推荐领域，形成了系列混合推荐方法。但是，现有基于深度学习的混合推荐方法忽略了多源异构数据中组合特征和整体特征蕴含的辅助信息，以及这些特征对推荐结果的贡献度。此外，在新领域、新系统以及隐私保护极度严格等极端环境下，这些基于有监督学习的混合推荐方法由于难以收集可用标注数据而趋于失效。

因此，为了解决这些问题，本书首先提出系列层次注意力机制，提高从多源异构数据中提取用户和项目表达特征的精确度，以及提出深度强化学习推荐方法，在不依赖分类等标注数据的情况下解决极端环境的冷启动问题。本书的主要创新发现归纳如下：

（1）为了从稀疏的多源异构数据中提取高精度的用户和项目表达特征，以解决传统推荐方法存在数据稀疏、冷启动和特征提取过度依赖人工等问题。本书提出了一种基于"字符-短语"注意力机制和因子分解机的混合推荐方法（ACNN-

FM）。首先，本书提出了字符级注意力机制，拓展 CNN 模型，实现对历史信息的记忆和获取单词对推荐的影响程度；提出了短语级注意力机制，从短语中挖掘用户与项目的关联程度，以及挖掘短语蕴含的辅助信息和对推荐的影响。其次，基于所提"字符-短语"注意力机制构建双列 CNN 模型，同步提取用户和项目的隐藏表达特征。最后，提出基于因子分解机的评分预测模型，从所提取用户和项目的隐藏表达特征中分析它们之间的关联，并根据关联完成用户对项目的评分。本书在多个数据集中验证了 ACNN-FM 具有更高的数据利用率，在冷启动环境下具有更优的推荐性能。

（2）为了在时序性更强、数据极度稀疏、更依赖地理位置等信息的兴趣点（POI）推荐领域中，进一步提取用户与项目的隐藏特征，并从中挖掘更多的关联信息，本书提出了一种基于"局部-整体"注意力机制的 POI 推荐方法（TPOI-Rec）。该方法首先分别从非结构化数据和结构化数据中提炼出隐式特征和显式特征的概念，可有效指导模型对数据和技术的选型。其次，提出了"局部-整体"层次注意力机制，挖掘组合特征和整体特征所蕴含的隐藏信息。最后，首次在 POI 领域提出基于 NLP 的"用户-项目"匹配度计算机制，从自然语言语义中挖掘用户与项目的关联。本书在大规模数据集、重度用户数据集和冷启动用户数据集中验证了所提 TPOI-Rec 的有效性。

（3）针对难以收集可用标注数据在极端环境下的冷启动问题，本书提出了一种基于层次注意力和增强经验优先回放机制的深度强化学习推荐方法（HEDRL-Rec）。该方法首先提出了一种基于层次注意力机制的 Actor 网络，从组合特征和整体特征中挖掘更多隐藏信息，有效解决 DRL 在推荐领域存在的动作空间过大的问题。其次，提出一种增强经验优先回放机制，该机制前期利用回报率高的经验，随后逐步恢复使用符合实际分布的经验，在拟合模型的同时解决样本不均衡、模型难收敛和学习效率低的问题。最后，提出深度强化学习推荐训练算法，在不依赖分类等标注数据的情况下有效缓解了极端环境下的冷启动问题。本书在淘宝网公开的 VirtualTaobao 在线仿真平台中进行了对比实验，结果表明所提出的 HEDRL-Rec 可以有效挖掘优质长尾项目，在实时交互的环境中有更好的稳定性和可用性。

（4）基于深度强化学习的推荐方法是解决新领域或者新系统中冷启动问题的有效方式之一，是在数据稀疏的环境中尤为突出。然而，基于深度强化学习的推荐方法缺乏有效的训练环境，进展缓慢。针对这个问题，本书设计了一种自适应的基于元模仿学习的推荐环境模拟器（AMIL-Simulator）。该模拟器不仅要模仿用户的行为，还要刻画用户行为在环境影响下的动态变化。具体地，一方面，构建了一个条件引导扩散模型来模拟用户在动态变化环境中的行为，将环境实时反馈的信息作为条件引导，以刻画用户状态。一方面，提出了一种基于自适应元模仿学习的用户奖励模型，即使在样本有限和类别不平衡的情况下，也能在多个任务中学习用户奖励。通过大量的实验验证，无论在有监督学习还是强化学习的推荐方法中，该方法都是有效的。

（5）如何使找货更易、装货更多和效率更高是提升航运效率的核心问题。本书使用推荐系统实现船货匹配。从业务系统的角度来看，主要涉及算法的集成与应用；对于算法本身，则通过特征处理技术分别提取船东和货主的特征，再通过召回从海量数据中筛选出大致匹配的少部分潜在可匹配的候选集。接着，使用准确度更高的推荐算法对这些候选集进行排序，从而推荐出最优的个性化匹配结果。从工程角度，指导应用推荐算法进行船货匹配，实现高效且合理的配对，以确保物流运输的高效性、经济性和双方利益的最大化。

整体而言，本书基于深度学习提出了一系列混合推荐方法。首先，考虑到多源异构数据中的组合特征和整体特征蕴含的重要辅助信息，本书提出了包括字符级注意力机制和短语级注意力机制的"字符-短语"注意力机制，此外，还提出了"局部-整体"结构的注意力机制，以及基于层次注意力机制的 Actor 网络，这些方法能够有效解决数据稀疏问题，解决极端场景下克服系统冷启动问题。

进一步提出了经验优先回放机制等策略，形成了不依赖分类等标注数据的深度强化学习推荐方法，并设计了可在稀疏数据拟合的环境模拟器，用于训练和验证深度强化学习推荐方法。最后，通过工程实例向读者阐述了推荐系统的实践与应用，特别是在新系统、新领域或者隐私保护要求极度严格的环境下（难以收集可用标注数据的环境），有效解决了冷启动问题。

8.2 未来工作展望

利用注意力机制对深度学习进行改进和拓展，以及将深度强化学习应用于推荐领域，具有广阔的研究和应用前景，同时具有重要的学术研究意义，并切实满足现实需求。本书的主要创新点之一是通过层次注意力机制等方法提升了非结构化稀疏数据的处理能力，并有效解决了深度强化学习中动作空间过大的问题。此外，增强的经验优先回放机制和深度强化训练算法共同解决了深度强化学习面临的诸多挑战，包括状态规模过大且动态可变、动作空间高度离散、环境交互反馈极度稀疏以及收敛困难等问题。这些问题的解决不仅使深度强化学习能够广泛应用于推荐领域，还拓展了其在文本处理相关领域的应用，如对话系统、摘要生成、信用卡诈骗预警、医疗专家系统等。

本书所提出的基于深度学习的系列混合推荐方法，虽然解决了深度学习在推荐领域存在的多个核心问题，并取得了显著的效果，但在细节上仍有较大的提升空间。以下是下一步拟开展的研究工作。

（1）在特征融合中，本书采用因子分解机学习交叉组合特征，属于隐式交互方法。尽管层次注意力机制等方法进一步考虑了组合特征和整体特征的辅助信息，但模型仍然缺乏足够的可解释性。因此，下一步工作将聚焦于进一步探索其内在原理，以提升模型的可解释性。

（2）现有模型针对单一目标进行优化，虽然在有效利用结构化数据的基础上，增加了文本和视觉数据，但优化方法并未针对不同类型数据的差异性进行调整。如何提出针对差异数据的多目标优化函数，将是一个具有重要意义的研究方向。

（3）本书所研究的模型在短序列预测中表现出较高的准确率，但随着预测序列长度的增加，准确率有所下降。如何优化模型，使其在长序列预测中依然保持较高的准确率，将是下一步研究的重点。

（4）用户在互联网平台上的行为存在差异，如普通用户、重度用户和一次性用户的购买习惯不同。针对这些不同类型的用户角色设计不同的模型，或构建一个多样性的经验库，将是一个值得深入研究的问题。

（5）所设计的环境模拟器虽然成功模拟了用户的静态和动态属性，并实现了与环境交互的行为模拟，取得了良好的效果。然而，下一步将在多模态数据融合和类别极度不均衡问题处理的角度，对模拟器进行进一步优化与升级。

参考文献